本书属于2017年湖北省教育厅科学技术研究计划项目（编号：B2017126）、"湖北文化创意产业设计服务与管理类人才培养体系构建研究"的研究成果、2017年湖北经济学院校级教学科研项目（编号2017039）、"文化创意产业设计创新与管理型人才培养体系研究——以湖北经济学院为例"的研究成果。

景观设计与项目操作案例教程

JINGGUAN SHEJI YU XIANGMU CAOZUO
ANLI JIAOCHENG

高等院校艺术学门类
"十三五"规划教材

- ■ 主　编　刘　斌　张　洋　罗　雪
- ■ 副主编　倪晓静　鲍艳红
- ■ 参　编　范晶晶　牛　琳　汪　帆　魏　雷　戴凌云

A　R　T　　D　E　S　I　G　N

华中科技大学出版社
http://www.hustp.com
中国·武汉

内 容 简 介

本书根据当前社会新时代、新时期下对高校环境设计专业的应用型、复合型人才培养要求和编者多年项目实践经验编写而成，注重学生设计基础知识的普及和思维能力的提高，以及设计实践能力的提升，了解专业前沿发展趋势。本书编写符合环境设计本科教学规范，内容系统全面、图文并茂，具有较强的实用性和借鉴性。

本书分为九章，分别是景观设计概述与发展、景观认知与要素、景观设计师与景观设计公司、景观设计流程、景观空间布局与场地设计、景观竖向设计、植物景观设计、景观设计材料与施工图、景观设计实践。

本书可以作为环境设计专业、建筑艺术设计专业的教材，也可以作为环境设计爱好者，建筑设计、园林设计工作者的参考书。

图书在版编目（CIP）数据

景观设计与项目操作案例教程 / 刘斌，张洋，罗雪主编. — 武汉 : 华中科技大学出版社，2018.6
高等院校艺术学门类"十三五"规划教材
ISBN 978-7-5680-3904-8

Ⅰ.①景⋯　Ⅱ.①刘⋯　②张⋯　③罗⋯　Ⅲ.①景观设计 – 高等学校 – 教材　Ⅳ.①TU983

中国版本图书馆 CIP 数据核字(2018)第 109421 号

景观设计与项目操作案例教程　　　　　　　　　　　　　　　　刘　斌　张　洋　罗　雪　主编
Jingguan Sheji yu Xiangmu Caozuo Anli Jiaocheng

策划编辑：彭中军
责任编辑：舒　慧
封面设计：优　优
责任监印：朱　玢
出版发行：华中科技大学出版社（中国·武汉）　　　　电话：（027）81321913
　　　　　武汉市东湖新技术开发区华工科技园　　　　邮编：430223
录　　排：武汉正风天下文化发展有限公司
印　　刷：湖北新华印务有限公司
开　　本：880 mm × 1 230 mm　1/16
印　　张：8.5
字　　数：266 千字
版　　次：2018 年 6 月第 1 版第 1 次印刷
定　　价：49.00 元

"景观设计与项目操作"是高等学校环境设计专业的专业必修课程，是环境设计专业重要的核心课程组成部分。通过本课程的学习，学生可以对景观设计的概念、发展、意义、操作和作用有一个系统、清晰的认识，并且通过景观设计理论的学习和项目设计实践的训练，掌握景观设计的设计要素、设计流程及项目设计要点，以及景观空间场地设计、竖向设计、植物景观设计、材料识别和施工图设计等的设计原则和设计方法，为景观项目操作和实施奠定扎实的基础。

本书本着实用、系统、翔实、创新的原则，力求全面体现艺术设计类教材的特点，图文并茂，案例新颖，集理念性、知识性、实践指导性、启发性与创新性于一体。本书在传统理论教材模式的基础上有所突破，更加贴近学生的阅读习惯和学习特点，以激发学生的求知欲，培养学生的专业项目实践能力。

本书在编写的过程中参考了大量的图片和文字资料，在此感谢参加教材编写的一线教师孜孜不倦地劳作，主要有湖北经济学院原实验室副主任刘斌、湖北经济学院张洋老师、武汉大学城市设计学院设计系环境设计教研室副主任罗雪老师、武汉设计工程学院环境设计教研室主任倪晓静老师、武汉华夏理工学院环境设计系主任鲍艳红老师、武汉工程科技学院环境设计教研室主任范晶晶老师、武汉设计工程学院环境设计系主任牛琳老师、湖北城市建设职业技术学院汪帆老师、湖北经济学院魏雷老师、湖北经济学院法商学院戴凌云老师。感谢武汉彩墨江南文化创意有限公司，湖北经济学院环境设计工作室，自由设计师唐涛、刘鹏、张佩纶、周业森、肖寒月等单位和个人提供的设计案例和图片。由于地址不详或者其他原因，部分案例图片的设计者及教师，以及对本书的编写提供帮助的人士和单位，在这里可能没有提及，在此深表谢意。

由于编写时间仓促，编者水平有限，书中难免有一些欠妥之处，恳请广大读者批评指正。

编　者
2018 年 3 月

目录

JINGGUAN SHEJI YU XIANGMU CAOZUO ANLI JIAOCHENG

第一章

景观设计概述与发展

JINGGUAN SHEJI GAISHU YU FAZHAN

第一节
景观设计学概述

一、景观设计学的概念

景观是人们生活中一个极其重要的组成部分，是满足人们各种精神和物质需求必不可少的重要构件之一，而景观设计是实现这一目标的重要手段和基本保障。"景观"一词的原意指"风景"，是地理学上的一个名词，在描绘自然景色的文学作品中被广泛运用，如同"风景""景色"或"景致"等词语，属于视觉美学的范畴。

对于传统园林的定义，《中国古典园林史》的作者周维权认为，园林乃是为了补偿人们与大自然环境相对隔离而人为创设的"第二自然"。（见图1-1和图1-2）

图1-1　北京大学未名湖1

图1-2　北京大学未名湖2

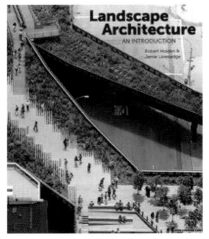

图1-3　景观建筑杂志

在西方，"景观"一词最早出现于希伯来语的《圣经》中，用于对圣城耶路撒冷总体（包括所罗门寺庙、城堡、宫殿在内）美景的描述；在英文中，"景观"是指"留下了人类文明足迹的地区"。

在现代园林时期，美国用"landscape architecture"代替"landscape gardening"，这具有里程碑式的意义，因为它标志着与传统园林的决裂，标志着景观设计的诞生，其出现的时代正是一个大工业、城市化和生态环境危机严重的时代。（见图1-3）

设计学界普遍认为，景观设计学是一门建立在广泛的自然科学和人文艺术学科基础上的应用学科，核心是协调人与自然的关系。随着景观设计学科的发展和完善，景观设计逐渐发展成为一门集建筑、城市规划、风景园林、设计美学、环境、生态、地理学、林学、生命科学、社会学和艺术等于一体的设计学科，并且吸收了这些相关学科的研究方法和成果。

现代景观设计已从传统园林的满足精神文化享受（意境、模仿自然而高于自然），转向大众群体的大众文化，更加注重利用有限的土地来创造优美的景观。

现代景观设计与传统园林的区别如表 1-1 所示。

表 1-1　现代景观设计与传统园林的区别

内　容	传 统 园 林	现代景观设计
服务对象	皇家、私家园林	大众
造园因素	山、水、植物、建筑	模拟景观、庇护性景观、新材料运用
范围	私家宅院	街道绿化、公园、风景旅游区、大地景观
涉及学科	园林、园艺	城市规划、建筑、环境、生态、地理、人文等
新技术应用	堆山、理水	遥感、计算机、3S 等
新材料应用	木材、石材	新的石材、金属材料、仿生材料等

二、景观设计的研究与发展动态

景观设计学作为一门独立的学科，融合了跨学科的知识，涉及的领域非常广泛。随着信息时代的来临，景观设计的视野和研究方法开始发生巨大变化，主要有后工业社会的景观、多解景观、公众参与性的景观、生态与健康环境景观、海绵城市、大数据背景下的景观、感知城市与景观伦理等。

1. 后工业社会的景观设计

"后工业社会"的概念是丹尼尔·贝尔提出的。景观设计在每个社会阶段基于工业生产关系和主体（即中轴）的不同，可以粗略地分为三个时期，如表 1-2 所示。

表 1-2　景观设计发展的三个不同阶段

社 会 阶 段	前工业社会（小农经济）	工业社会（社会化大生产）	后工业社会 （信息与生物技术革命、国际化）
服务对象	以皇帝为首的少数贵族阶层	以工人阶级为主体的广大城市居民	人类和其他物种
主要创作对象	宫苑、庭院、花园	公园绿地系统	人类的家，即整体人类生态系统
指导理论和评价标准	唯美论，包括西方的形式美和中国的诗情画意，同时强调工艺美和园艺美	以人为中心的再生论，绿地作为城市居民的休闲和体育空间及城市的"肺"，强调覆盖率、人均绿地等指标	可持续论，强调人类发展和资源及环境的可持续性，强调能源与资源利用的循环和再生性、高效性，生物和文化的多样性
园林专业人员和代表人物	艺匠、技师，如中国的计成、法国的雷诺、英国的布朗	美国的专业规划设计师，如奥姆斯特德	协调人类文化圈与生物圈综合关系的指挥家，如麦克哈格
代表作	中国皇家园林和江南文人山水园林、法国雷诺特式宫苑、英国布朗式风景园	纽约中央公园、波士顿的绿宝石项链	美国东海岸的一些生态规划、欧洲的景观生态规划

埃姆舍公园是极具参考价值的典型案例，整个建设项目涵盖了污染治理、生态恢复与重建、景观优化、产业转型、文化发掘与重塑、旅游业开发、就业安置与培训，以及办公、居住、商业服务设施、科技园区的开发建设等环境、经济、社会多个层面的目标和措施，是综合性的用地更新改造策略。（见图 1-4 至图 1-6）

图 1-4 埃姆舍公园 1

图 1-5 埃姆舍公园 2

图 1-6 埃姆舍公园局部

2. 多解景观的地理设计

人们采用"生态"举措是面对生存危机的产物，是构建可持续发展环境的思考与方向。卡尔·斯坦尼茨将地理信息系统（GIS）植入景观设计过程中，通过模型的建立和数据的修正来客观地设计和推演项目，即"地理设计"。

在圣佩德罗河上游地区的规划过程中，地理信息系统向我们展示了当地土地利用和分类现状，对土地管理、城市居住区吸引力、近郊居住区吸引力、农村居住区吸引力等进行了分析和比较。运用开发模型、水文模型、植被模型、景观生态格局模型、单一物种的潜在栖息地模型等，进行规划方案、限制方案、开放方案等多种类多个规划方式的设计，通过信息软件模拟和测试不同方案的不同结果。（见图 1-7 和图 1-8）

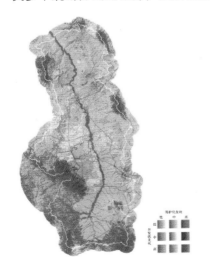

图 1-7 圣佩德罗河上游地区规划

图例：保护优先权

高　　　　中　　　　低

2000 年已开发区域　　瓦丘卡堡边界　　圣佩德罗河河岸国家保护区边界

图 1-8 圣佩德罗河上游地区开发优先权

台州永宁公园合理布局滨水景观，充分根据水文资料和地理环境进行分析，停止单一目的的防洪工程，进行生态恢复性河段景观设计与建设，使沿岸地区突破传统河道防洪的观念，构建了内河湿地和泄洪区与滞洪区，达到新环境伦理。（见图 1-9 至图 1-11）

景观设计概述与发展 | 第一章

图 1-9　台州永宁公园生态建设对比

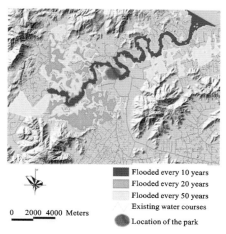

图 1-10　台州永宁江洪涝灾害模拟分析图

图 1-11　台州永宁公园生态建设现状

图 1-12 所示为多解规划方式模型。

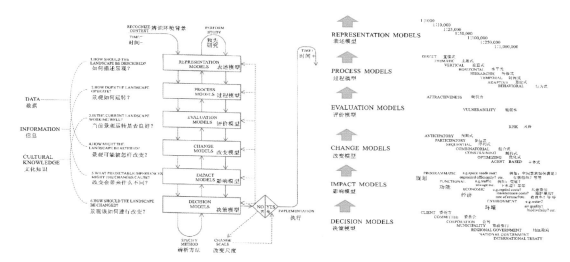

图 1-12　多解规划方式模型

JINGGUAN SHEJI YU XIANGMU CAOZUO ANLI JIAOCHENG　5

3. 公众参与性的景观设计

中国大多数的项目实践都是先设定理念，然而理念是否有利于场地基址使用，是否能够满足居民使用，是否可以达到设计师的要求，这些却很少受到关注。设定最有噱头的理念，是现在设计和设计课程存在的弊病。

卡尔·斯坦尼茨强调，一个好的方法不一定有好的设计作品产生，但不好的方法一定不会有好的设计，良好的方法是至关重要的。他总结和分析出八种基本设计方法以及对设计结果进行十种分类。然而，这些方法中，让他觉得最重要的是公众参与，他表示"设计师的观点不一定是正确的，尤其是大尺度设计（城市规划）"。

在西班牙一个旅游滨海小镇的规划中，设计组给小镇居民进行三天免费的讲座并发动当地一些居民，给他们每人发一张一定数额的信用卡和一部照相机，他们可以租一辆小车，按照事先设定好的路线，对小镇进行具有喜好取向的拍照和图纸标记。组员对居民拍照的优劣场地进行分区摆放，按照颜色进行评价，最终得到了居民满意的景色分布图和不喜欢的景点和样貌。在此基础上进行分析和设计，形成公众参与的城镇设计。（见图1-13至图1-15）

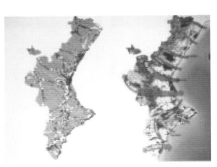
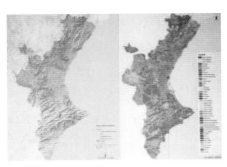

图1-13　景点等级分类与评价　　　　图1-14　规划布局和思维　　　　图1-15　GIS地形和用地类型模拟分析

4. 景观设计中数字信息的应用

"信息城市"拥有高覆盖率和高精度的、即时且多维度的数据，它正在改变景观设计师对城市景观复杂性的认知方式。在新的数据环境下，对现有的城市景观系统的现状评价和问题识别，正在给未来设计师提供一个数据增强的分析方法和工作框架。

SPSS是统计产品与服务解决方案软件，它集数据录入、整理、分析功能于一身。设计师通过调查问卷进行数据收集，运用软件进行数据分析，可以做到科学的评价研究。（见图1-16）

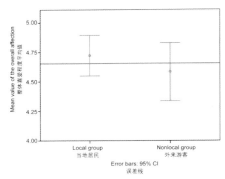
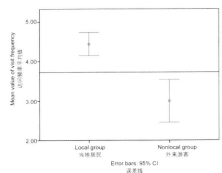
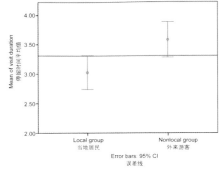

图1-16　SPSS软件数据分析

例如，对城市公共绿地的疗愈感知绩效进行实证研究，通过观察性评估和抽样自述性问卷调查，对设计的品质进行评估，调查的内容有向公众开放的程度、交通可达性、为特殊群体提供的设施、安全控制和日常管理、治

疗性环境等，最终提出提升公共绿地设计的疗愈感知绩效的整合性模型。（见图1-17和图1-18）

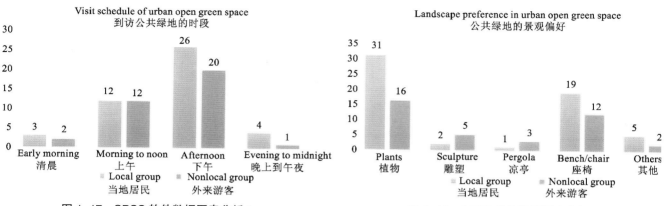

图 1-17　SPSS 软件数据图表分析 1　　　　图 1-18　SPSS 软件数据图表分析 2

5. 大数据背景下的景观设计

通过对城市景观的定量认知，基于四个方面（空间尺度、时间维度、研究粒度及研究方法）的模型工具集，结合不同数据源的提取、分析及预测，了解空间秩序及其之间的关系，进行针对城市景观设计各环节的数据支持，最终提高规划方案的合理性、创新性及弹性。（见图1-19）

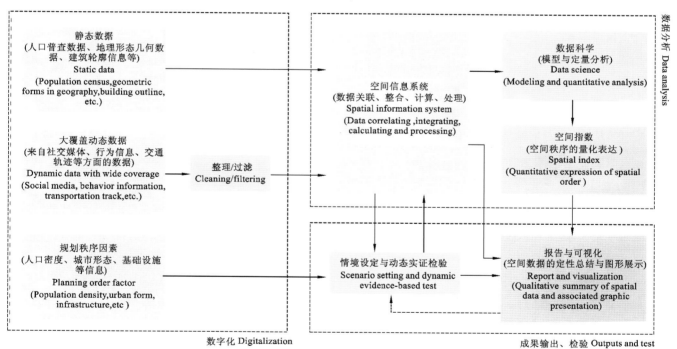

图 1-19　数据环境下对城市秩序理解的一般流程

现阶段，常用的数字化分析模式主要有以下几种。

（1）地理与规划信息：使用 GIS 等软件分析和评价设计对土地利用、土壤、地形的影响，考察设计是否符合城市发展的基本需求。

（2）流体分析：使用目前较成熟的 CFD（计算流体动力学）软件来评价设计项目的流体属性，比如流水、风及雨水对景观设计的相关影响。如 FLOW-3D、XFlow、FLUENT、Autodesk Project Vasari 等软件，可以模拟大致的水文动态、沉积物冲刷、污染物传播及降解、地表径流与汇水，以及建筑风环境、水景造型等复杂的流体环

图1-20 风景园林数字化规划设计谱系图

境，从而在设计初期就能对方案做出预判与合理的调整。

（3）植物景观分析：包括植物群落的景观模型分析、植物生长预测等。可使用Plant Factory来模拟植物景观的生长趋势，完成对景观设计中的植物景观的评价。

（4）通过Revit软件对景观施工图设计进行地形模型建立和设计，快速统计项目材料用量等。

图1-20所示为风景园林数字化规划设计谱系图。

6. 生存艺术下的生态景观设计

景观生态学是在1939年由德国地理学家C.特洛尔提出的。景观生态学是以整个景观为对象，在一个相当大的区域内，运用生态系统原理和系统方法研究景观结构和功能、景观动态变化及其相互作用机理，以及景观的美化格局、优化结构、合理利用和保护的学科。（见图1-21和图1-22）

图1-21 后滩湿地总平面图

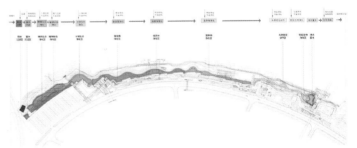

图1-22 后滩湿地生态水系水处理工艺流程

如今，景观生态学的研究焦点是在较大的空间和时间尺度上生态系统的空间生态过程。景观生态学的目的是协调人类与景观的关系，如进行区域开发、城市规划、景观动态变化和演变趋势分析等。景观生态学以整个景观为研究对象，强调空间异质性的维持与发展、生态系统之间的相互作用、大区域生物种群的保护与管理、环境资源的经营管理及人力对景观构成的影响。

7. 景观设计中社会学的因素

在城市化和全球化的进程中，景观设计学所承担的社会责任愈显重要。在日益觉醒和快速发展的环境保护意识与法律的环境下，需要编制实现可持续发展目标的规划方案；需要考虑严峻的人地关系，通过精明的设计，提供问题的综合解决方案，以保证土地生态系统的完整性；需要对乡土景观和文化遗产资源进行保护与可持续利用；需要当地人对适宜于人类生存环境目标的追求，透彻理解土地及发生在土地上的一切活动过程等。（见图1-23）

景观设计中的社会学问题有城市规划中的农民参与、高速城市化区域的土地变迁及面临问题、工业区商业化改造研究、城市空间的社会记忆、城市街道人性化问题、社区交往空间、城市公共艺术的社会功能、城市环境与公共健康等。

健康城市生态和健康人的概念框架如图1-24所示。

8. 生态安全战略下的景观设计

当代城市和区域规划的巨大挑战是：如何在有限的土地上建立一个战略性的景观结构来高效地保障自然和生物过程、历史文化过程的完整性和连续性，同时给城市扩展留出足够的空间。

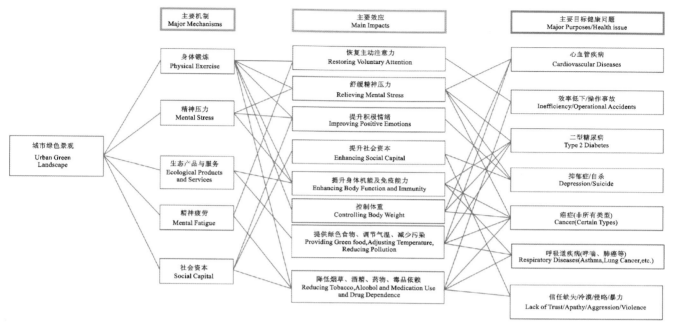

图 1-23　城市绿色景观影响大众健康的理论机制

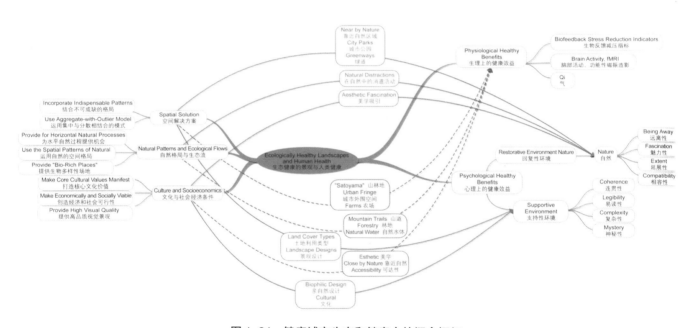

图 1-24　健康城市生态和健康人的概念框架

　　图 1-25 所示为生态基础设施——雨水收集。

　　景观安全格局理论与方法是在最大 - 最优化途径和最小 - 最大约束途径的基础之上发展起来的可持续性的环境与发展规划的新方法论。它强调在各种过程（包括生态过程、社会经济发展过程及历史过程）中存在一系列阈限和层次，但不承认最终边界的存在，认为这些阈限和层次都不是顶级的和绝对的，既不是维护某一最大化的效益，也不是维护某一终极的阈限，而是阶梯状的、不均匀的。（见图 1-26 和图 1-27）

第一大战略：全面构建低碳、生态的城市格局

1. 生态基础设施是构建低碳城市的宏观策略——（2）建立以雨水收集为特色的三级廊道系统：依托植被浅沟、湿地泡泡、河道实现雨水的蓄滞与再利用。

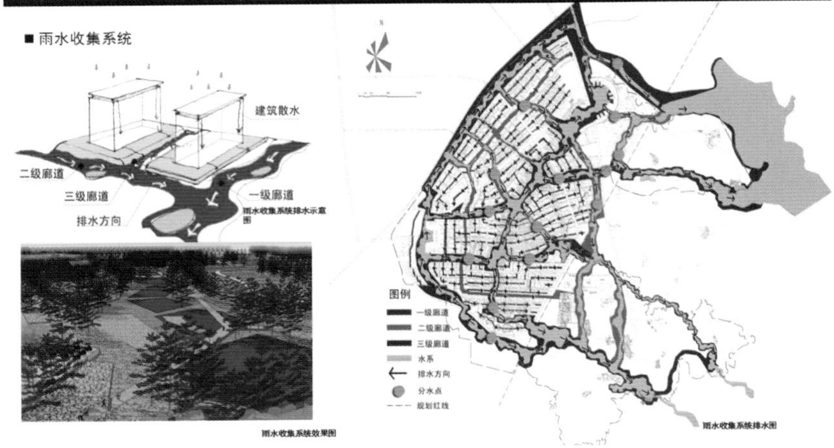

图 1-25　生态基础设施——雨水收集

1. 生态基础设施是构建低碳城市的宏观策略——（3）建立连续、独立的城市非机动车游憩网络，打造适宜自行车出行的节能城市。

图 1-26　生态基础设施——非机动车网络

2. 紧凑型城市布局是构建低碳城市的中观途径——（1）以 TOD 模式为主导，采用混合用地布局形式，有效减少居民出行距离，倡导节能低碳。

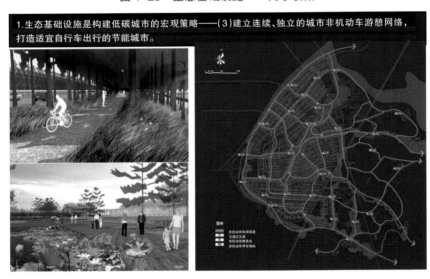

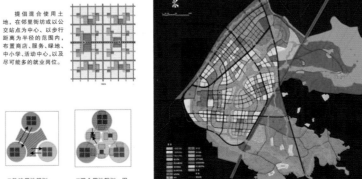

图 1-27　低碳城市 TOD 模式构建

第二节
景观设计与中国城市规划编制的关系

我国城市规划编制的完整过程由两个阶段和六个层次组成：两个阶段即总体规划阶段和详细规划阶段，六个层次是指城市总体规划纲要、城市总体规划（含市域城镇体系规划和中心区域规划）、城市近期建设规划、分区规划、控制性详细规划和修建性详细规划。

一、城市总体规划

城市总体规划是指城市人民政府依据国民经济和社会发展规划，以及当地的自然环境、资源条件、历史情况、现状特点，统筹兼顾、综合部署，为确定城市的规模和发展方向、实现城市的经济和社会发展目标、合理利用城市土地、协调城市空间布局等所做的一定期限内的综合部署和具体安排。规划的期限根据国家有关规定，远期一般为 20 年，近期一般为 5 年。（见图 1-28 和图 1-29）

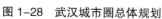

图 1-28　武汉城市圈总体规划

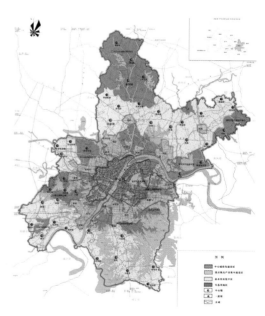

图 1-29　武汉市土地利用分区图

二、控制性详细规划

（一）控制性详细规划概述

控制性详细规划以城市总体规划或分区规划为依据，确定建设地区的土地使用性质、使用强度等控制指标，道路和工程管线控制性位置以及空间环境控制的规划。《城市规划编制办法》规定：根据城市规划的深化和管理的需要，一般应当编制控制性详细规划，以控制建设用地性质、使用强度和空间环境，将其作为城市规划管理的依据，并指导修建性详细规划的编制。（见图1-30和图1-31）

图1-30　武汉市基本生态控制线规划图

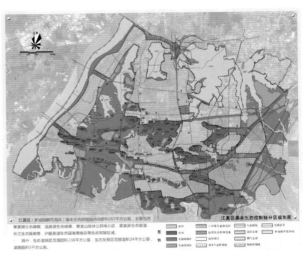

图1-31　江夏区基本生态控制线分区规划图

（二）控制性详细规划的主要内容

（1）土地使用性质及其兼容性等用地功能控制要求；

（2）容积率、建筑高度、建筑密度、绿地率等用地指标；

（3）基础设施、公共服务设施、公共安全设施的用地规模、范围及具体控制要求，地下管线控制要求；

（4）基础设施用地的控制界线（黄线）、各类绿地范围的控制线（绿线）、历史文化街区和历史建筑的保护范围界线（紫线）、地表水体保护和控制的地域界线（蓝线）等"四线"及控制要求。

图1-32和图1-33所示分别为武汉市青菱乡老桥村生态家园建设规划总平面图和村镇体系规划图。

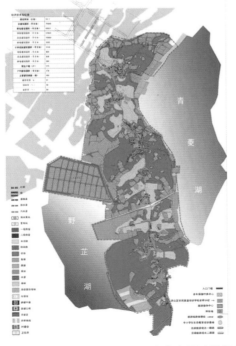

图1-32　武汉市青菱乡老桥村生态家园建设规划
　　　　　总平面图

图1-33　武汉市青菱乡老桥村生态家园建设规划村镇体系规划图

三、修建性详细规划

（一）修建性详细规划概述

修建性详细规划是以城市总体规划、分区规划或控制性详细规划为依据，用以指导各项建筑和工程设施的设计和施工的规划设计，是城市详细规划的一种。

（二）修建性详细规划的主要内容

根据建设部《城市规划编制办法》，修建性详细规划应当包括下列内容：

（1）建设条件分析及综合技术经济论证；

（2）建筑、道路和绿地等的空间布局和景观规划设计，总平面图布置；

（3）道路交通规划设计；

（4）绿地系统规划设计；

（5）工程管线规划设计；

（6）竖向规划设计；

（7）工程量、拆迁量和总造价估算，投资效益分析。

在中国，景观设计属于城市规划的一部分，是城市设计的深入，主要包括平面布局的建立，空间序列的展开，形体、色彩和质感的处理等。（见图 1-34 至图 1-36）

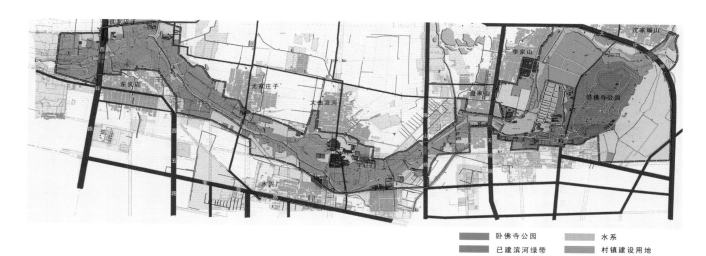

图例：
- 卧佛寺公园
- 已建滨河绿带
- 林地
- 农田
- 水系
- 村镇建设用地
- 外部道路
- 内部道路

土地利用现状：

规划范围内有林地、村镇建设用地、公园绿地、农田等。基地呈东西走向，长约 8 公里，宽在 100 至 1200 米不等，总面积为 460 公顷。陆地面积有 423.5 公顷，约占区域总面积的 92.1%；水域面积为 36.5 公顷，约占区域总面积的 7.9%。鸡龙河河道宽 8 至 200 米不等，陆域的 22.1% 为人工栽种的防护林，11.8% 为人工栽种的经济林，4.4% 为村镇建设用地，26.4% 为已建公园绿地，其他农业用地、撂荒地、岛屿等占 27.4%。

项　目		面积/公顷	占总面积的比重/(%)	备　注
水域		36.5	7.9	以自然驳岸为主
陆域	防护林	101.3	22.1	占陆域的23.9%
	经济林	54.3	11.8	以板栗、苹果、樱桃林为主
	村镇建设用地	20.3	4.4	
	已建公园绿地	121.5	26.4	含卧佛寺公园、隆山路东侧滨河绿带
	其他	126.1	27.4	为农业用地、撂荒地、岛屿等
总计		460.0	100	

图 1-34　鸡龙河生态湿地公园景观综合用地分析

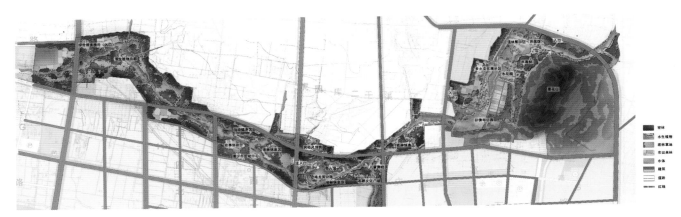

图 1-35　鸡龙河生态湿地公园景观平面图

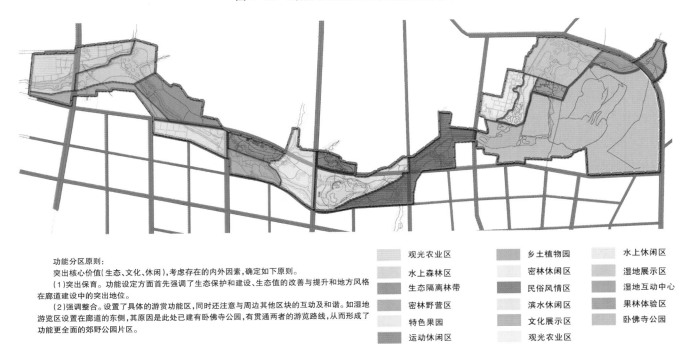

功能分区原则：
突出核心价值（生态、文化、休闲），考虑存在的内外因素，确定如下原则。
（1）突出保育。功能设定方面首先强调了生态保护和建设、生态值的改善与提升和地方风格在廊道建设中的突出地位。
（2）强调整合。设置了具体的游赏功能，同时还注意与周边其他区块的互动及和谐。如湿地游览区设置在廊道的东侧，其原因是此处已建有卧佛寺公园，有贯通两者的游览路线，从而形成了功能更全面的郊野公园片区。

观光农业区	乡土植物园	水上休闲区
水上森林区	密林休闲区	湿地展示区
生态隔离林带	民俗风情区	湿地互动中心
密林野营区	滨水休闲区	果林体验区
特色果园	文化展示区	卧佛寺公园
运动休闲区	观光农业区	

图 1-36　鸡龙河生态湿地公园景观功能分区图

思考与训练

1. 阅读景观设计史和相关书籍，对前沿设计理论进行思考和讨论，并针对本城市典型景观进行评述和分析。

2. 查阅新近的城市规划案例，了解城市规划和景观设计之间的联系与区别。

第二章

景观认知与要素

JINGGUAN RENZHI YU YAOSU

第一节
自然要素

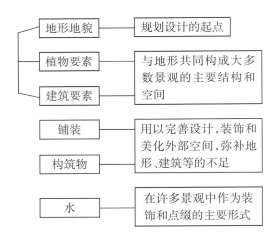

地形地貌	规划设计的起点
植物要素	与地形共同构成大多数景观的主要结构和空间
建筑要素	
铺装	用以完善设计，装饰和美化外部空间，弥补地形、建筑等的不足
构筑物	
水	在许多景观中作为装饰和点缀的主要形式

图 2-1　设计元素在景观中的作用

景观设计主要包括自然要素、建设要素和人文要素，以及城市规划和相关的法规、规范对场地建设的公共限制。这些条件共同制约着景观设计。景观设计工作始于对设计任务的深入了解和对设计条件的分析。景观设计的过程就是不断解决各种矛盾的过程。（见图 2-1）

一、气候

在气候方面，必须思考和解决两个问题：一是根据特定气候条件进行最佳场地和构筑物设计；二是用何种手段修正气候的影响，以改善环境。

在每一个区域内，在固定的气候条件下，都有一个合理的规划设计方案；对于不同的条件，一般都有较好的适应性的社区布局、场地规划或建筑设计的例子。（见图 2-2和图 2-3）

图 2-2　北方窑洞

图 2-3　南方万科第五园

二、微气候

微气候是在一定区域内一般的气象情况。微气候为直接与大气下表面接触的地表面上 1.5 ~ 2 m 的大气层中的气候特点与气候变化。设计不能从根本上改变气候，但微气候能使有限区域内的气候状况得到较大改善。

（1）通过合理的场地选择、规划布局、建筑朝向确定，创造与气候相适应的空间，形成宜居环境。（见图2-4）

（2）提供有庇护作用的构筑物，以抵抗太阳辐射、暴风雨和寒冷气流。（见图2-5）

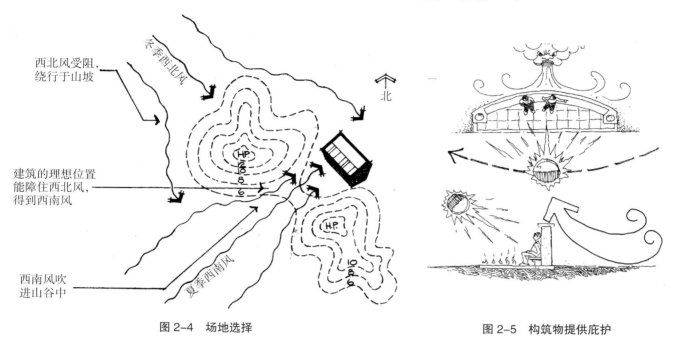

图 2-4　场地选择　　　　　　　　　　　　　图 2-5　构筑物提供庇护

（3）根据太阳运动调整社区和建筑布局。生活区和户外的设计应保证在合适的时间接受合适的光照。（见图2-6）

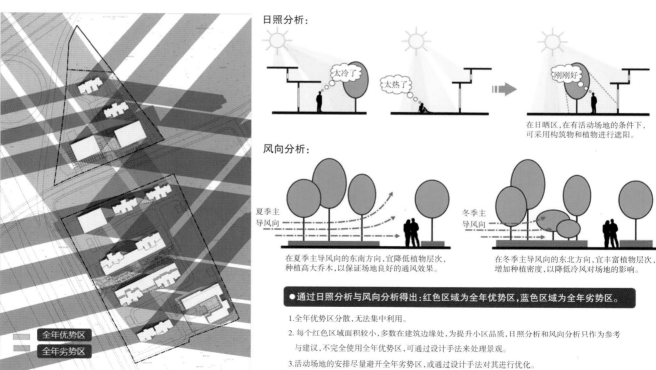

图 2-6　日照分析与风向分析

三、气象

1. 风象

风象包括风向、风速和风级。风向模拟图是根据某一地区多年平均统计的各个风向和风速的百分数值。风向模拟软件的运算结果对于确定建筑布局、道路布局及防风设计有着重要的参考价值。（见图2-7）

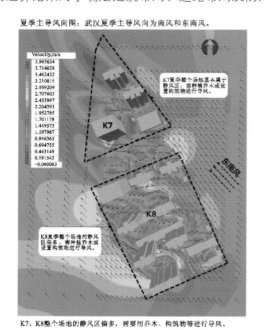
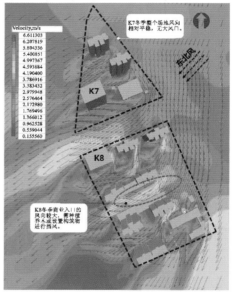

图2-7　居住区风向模拟图

2. 日照

日照分析就是研究基地所在地的太阳运行规律和辐射强度，是确定基地内建筑的日照标准、遮阳设施及各项工程热工设计的重要依据。（见图2-8）

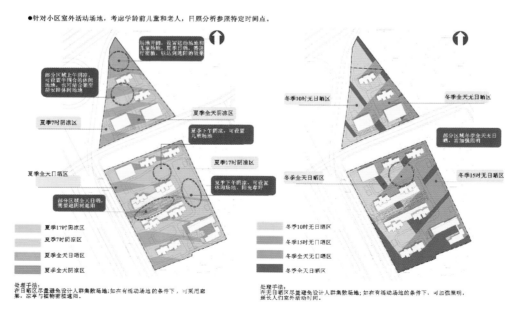

图2-8　居住区日照分析

四、地形

1. 地形基础知识

地形是所有设计要素赖以支撑的基础平面。地形直接影响建筑物的外观和功能，影响植物的选用和布置，也影响铺地、水体及其他诸多因素。地形在设计过程中是首要考虑的因素之一。（见图2-9至图2-11）

图2-9　明藩王陵寝

图2-10　商业地区微地形

每一种地形都具有一种最理想的用途，每一种用途也都有一种最匹配的地形。一个国家或地区的地貌特征主要由占主导地位的地形所决定。（见图2-12）

图2-11　风景区

图2-12　匹配地形

地形的功能是它直接联系着众多的环境因素和环境外貌，直接影响景观的造型和构图的美学特征。如英国风景式园林，起伏的地形充分表现出国土的地貌特征，也影响着景观的韵味。（见图2-13和图2-14）

意大利文艺复兴园林顺应其国土半岛丘陵的地形特征，将整个园林景观建造在一系列界限分明、高程不同的台地上。这些台地有宽阔的视野，能更充分地收览山谷的美景。（见图2-15和图2-16）

景观设计中地形的作用主要有：①分隔空间；②引导过渡空间，控制视线（见图2-17）；③改善微气候；④地形的艺术审美；⑤地形的工程作用。

景观设计中地形的表现方法主要是绘制地形图。地形图一般用虚线来代表垂直方向的变化，称作等高线。陡

图 2-13　英国地形图

图 2-15　意大利地形图

图 2-14　英国风景式园林

图 2-16　意大利文艺复兴园林

峭的斜坡由密集的等高线表示，缓坡由稀疏的等高线表示。（见图 2-18）

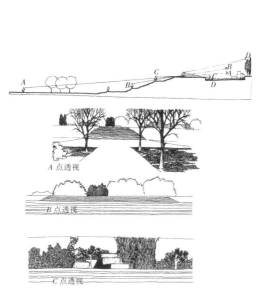

图 2-17　运用地形控制视线

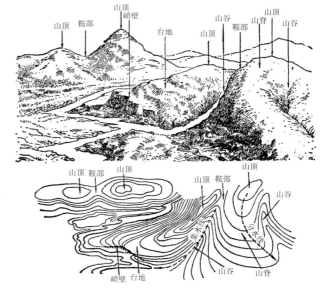

图 2-18　等高线

现有地形的等高线都是虚线，设计改造后的地形等高线是实线。等高线的标注既可以注写在等高线的上方，也可以注写在两线之间。（见图 2-19 和图 2-20）

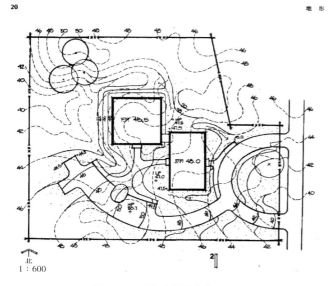

图 2-19　地形设计与标示 1

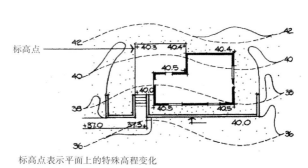

标高点表示平面上的特殊高程变化

图 2-20　地形设计与标示 2

我国目前确定的大地水准面采用的是 1985 国家高程基准。它以青岛验潮站 1952 年—1979 年的潮汐观测资料为计算依据，并用精密水准测量位于青岛的中华人民共和国水准原点，得出 1985 国家高程基准。绝对高程因起算点不同分为不同系统，采用时应进行换算。（见表 2-1）

表 2-1　绝对高程系统换算

转换者／被转换者	56 黄海高程	85 高程基准	吴淞高程基准	珠江高程基准
56 黄海高程		+0.029 m	−1.688 m	+0.568 m
85 高程基准	−0.029 m		−1.717 m	+0.557 m
吴淞高程基准	+1.688 m	+1.717 m		+2.274 m
珠江高程基准	−0.586 m	−0.557 m	−2.274 m	

注：高程基准之间的差值为各地区精密水准网点之间差值的平均值。

2. "反规划"思想

"反规划"强调城市发展必须以生态基础设施为基础，是区域和城市赖以生存的自然系统，是将生态系统的各种功能，包括涵养水源、调节旱涝、维护生物多样性、保护乡土文化、休憩与审美体验等整合在一起的关键性的网络状土地空间格局。

"反规划"的土地利用规划与传统土地利用规划的比较如表 2-2 所示。

表 2-2　"反规划"的土地利用规划与传统土地利用规划的比较

比较项	传统土地利用规划	"反规划"的土地利用规划
土地伦理和价值观	"资源"意识，土地被分割和切块利用，其价值体现在单一的使用功能上	土地是一个"活的"生命系统，其价值体现在综合的生态系统服务上

续表

比 较 项	传统土地利用规划	"反规划"的土地利用规划
规划目标	目标单一：侧重于"服务于经济发展"和"耕地保护"，以实现土地的经济效益的短期最大化为主要目标	综合目标：以维护土地生态安全为前提，通过土地规划，促进人口资源环境协调发展，并持续地发挥土地的经济、社会和生态效益
土地利用现状分析	内容主要包括：土地利用程度、土地利用结构、土地利用布局、土地利用效益等	除常规土地利用分析内容外，强调生态过程分析，特别是土地中各种流的分析，由土地系统的垂直过程分析扩展到土地系统的水平过程分析
土地利用评价	重点针对土地开发和建设活动本身的经济性。如侧重于建设用地质量评价，指标包括地形、地貌、地质、地基承载、地表坡度、地质灾害分布、水文条件等	从社会、经济、文化、生态多方面对土地进行生态系统服务功能的综合评价；评价过程不仅考虑土地本身的特性，还考虑土地空间布局对土地自然生态系统服务的影响
土地建设规模	常通过人口预测、粮食需求、农用地需求、建设用地需求等确定土地建设规模，是一种从土地需求角度出发、确定需求下限的预测方法	除了通过人口和建设需求预测土地需求下限外，通过生态基础设施研究约束土地建设规模，对土地建设规模实行需求和约束的双重分析
土地利用布局	根据规划目标和用地方针，先对各类用地的需求量进行综合平衡，然后再安排各类用地的布局，是一个先定量后定格局的过程	土地利用数量和空间布局是一个同步进行、反复确定的过程；除了考虑土地本身的适宜性外，还要考虑不同土地利用类型之间的空间关系
土地利用分区	通过土地利用分区规划与土地利用控制指标相结合的方法，把规划目标和内容、土地利用结构和布局的调整及实施的各项措施，落实到土地利用分区	土地利用分区不仅考虑各区内部功能的协调和控制，而且通过规划关键性生态系统和景观元素所构成的生态基础设施，包括廊道和网络来实现各区之间的水平联系
规划效果	土地功能是单一的，注重从人类需求出发，难以避免对土地资源的浪费以及土地利用中的生态问题	土地功能是综合的，满足社会经济发展和生态保护双重需求，体现"节约集约"的土地利用原则，可促进土地持续利用

五、水体

水体设计的要点及造型手法如下。

1. 调查分析场地现状

对场地内水体情况进行调研，确定水体的分布形状、规模、形成原因及水资源的丰富度；对水体水量的四季变化和水质进行观察，明确水域在场地中的作用和生态价值。

2. 布局水体空间

水体空间布局要充分发挥水体有利的景观资源，营造特色水景，在生态平衡的状态下，可适当对水体进行调整和改善，丰富水体形态，使之更加适合于新的场地。

3. 设计水体造型

当水体空间布局确定后，即可进行水体的具体形态设计（见图 2-21 至图 2-25）：

（1）面状造景：以水体构成整个环境的主题，利用其他元素进行一定的视觉遮挡，使人在走动时产生步移景异的效果。

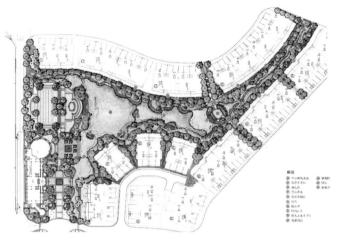

图 2-21　水体营造平面图

图 2-22　灵感来源——九寨沟山水

图 2-23　面状造景

图 2-24　线性连通

图 2-25　小型水景

（2）线性连通：用流动型的水系贯穿空间，把各要素联系起来，增加空间的整体性。

（3）点睛之笔：针对水池、叠水造型、喷泉造型等，利用细致的造型和恰当的布置形成空间的视觉中心。

第二节
人文要素

一、人文景观

人文景观是人们在长期的历史人文生活中所形成的艺术文化成果，是人类对自身发展过程中的科学、历史、艺术的概括，并通过景观形态、色彩及其他的主体构成表现出来。它既是景观的组成部分，又是景观艺术设计创意的源泉。

人文景观要素主要包括名胜古迹类、文物与艺术品类、民间习俗与节庆活动类、地方特产与技艺类。它们相互联系和影响，组成了一个综合性的人文景观要素。我国民族众多，不同地区、不同民族有着众多的生活习俗和传统节日。（见图2-26和图2-27）

图2-26 民间习俗与节庆活动

图2-27 地方技艺

二、景观设计风格

1. 现代中式风格

在现代风格建筑规划的基础上，将传统的造景理水用现代手法重新演绎，建筑和墙体的颜色为黑、白、灰淡色系，采用中国古典园林和现代园林要素相结合的方式，风格上吸收了部分古典园林元素的概念，注重空间结构和景观格局的塑造，强调空间胜于实体的设计理念。代表案例：万科第五园（见图2-28和图2-29）。

图2-28 万科第五园——水乡

图2-29 万科第五园——庭院

规划力求表现中国传统自然村落的质朴空间趣味，院落与公共空间形成的图底形式富于变化，创造了许多"偶发的"趣味开放空间，这种图底关系使本社区不同于"整齐一致"的现代小区。（见图2-30和图2-31）

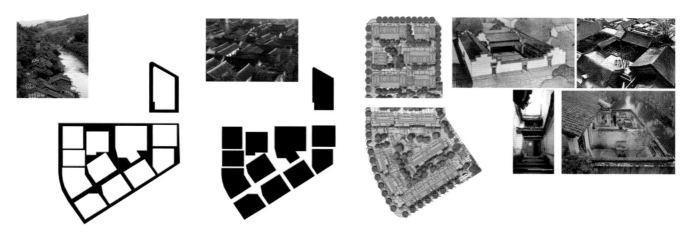

图2-30　图底关系分析图　　　　　　　　　　图2-31　院落结构分析图

2. 泛东南亚风格：泰式

泰国是北方文化和南方文化接轨碰撞的地区，因此泰式风格既有南方的清秀、典雅，又有北方的雄浑、简朴。空间富于变化，瑞象金壁与水榭曲廊相谐成趣，植被茂密丰富，水景穿插其中，小品精致生动，廊亭较多且体量较大，具有显著特征。代表案例：万科深圳金域蓝湾一期（见图2-32）。

图2-32　金域蓝湾水景

3. 泛东南亚风格：巴厘岛风情

在外部空间组织上，集中表现为杆栏式建筑和院落式建筑的组织方式。建筑的各个功能房间以百合花池、莲花池隔开，铺着木地板的连廊如桥一般将它们连接起来，设有独特、浪漫的建筑元素——巴厘亭。简单的茅草屋顶遮盖着一个方形的木平台，这种形如帐篷的亭是巴厘岛古老的传统建筑。代表案例：金科·观天下（见图2-33和图2-34）。

图2-33　金科·观天下廊道

图2-34　金科·观天下水景

4. 法式地中海风格

法式地中海风格具有南部欧洲滨海风情，与北欧风格相比，显得更精致秀气，色调明快鲜亮，点状水景多，小品雕塑丰富，还有整齐的植物、法式廊柱、雕饰精美的花器及园林家具。布局上突出轴线的对称和恢宏的气势。

代表案例：万科金山。（见图2-35和图2-36）

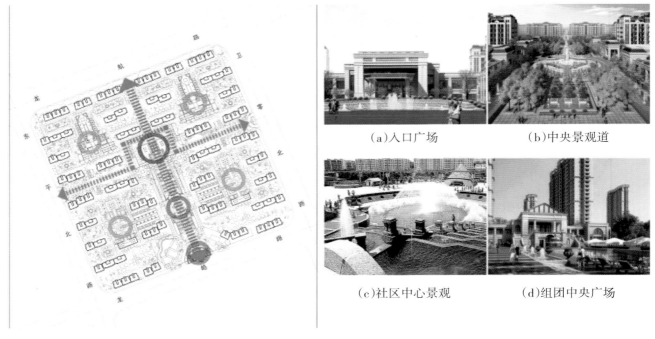

（a）入口广场　　（b）中央景观道

（c）社区中心景观　　（d）组团中央广场

图2-35　景观轴

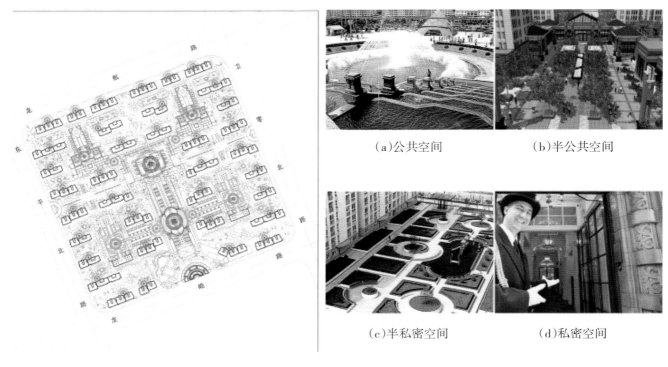

（a）公共空间　　（b）半公共空间

（c）半私密空间　　（d）私密空间

图2-36　空间布局和特色

5. 西班牙风格

西班牙风格是一种欧式风格与阿拉伯风格的混合体，庭院中多为自然绿化结合古朴的饰面材料，局部以细腻的水景雕塑作为点睛元素。园林在规划上多采用曲线，布局工整严谨，气氛幽静。代表案例：万科广州蓝山、长沙橘郡（见图2-37）。

图 2-37　长沙橘郡矮墙

6. 古典意大利风格

在沿山坡引出的一条中轴线上，建筑都是因其具体的山坡地势而建的，能引出中轴线，开辟出一层层台地，分别配以平台、水池、喷泉、雕像等；然后中轴线两旁栽植高耸的植物，如黄杨、杉树等，与周围的自然环境相协调。代表案例：深圳龙园意境、万科云山。（见图 2-38 和图 2-39）

图 2-38　意大利风格台地景观

图 2-39　意大利风格小品与植物栽植

7. 英伦风格

传统英式园林形成于 17 世纪布郎式园林基础之上，后来不断加以发展、变化，出现了撒满落叶的草地、自然起伏的草坡、高大的乔木，以及有着自然草岸的宁静水面，具有欧式特征的建筑与庭院点缀其间。代表案例：西安阳光上林城、无锡紫金英郡。（见图 2-40 和图 2-41）

图 2-40　英式园林 1　　　　　　　　　　　　　图 2-41　英式园林 2

8. 现代简约风格

在现代风格的基础上进行简约处理，更突出现代主义中的"少就是多"理论。以硬景为主，多用树阵点缀其中，形成人流活动空间，突出交接节点的局部处理。大胆地利用色彩进行对比，引入新的装饰材料，加入简单的抽象元素，景观的构图灵活简单，色彩对比强烈，以突出新鲜和时尚的超前感。代表案例：深城投东莞滨江公馆高档居住区。（见图 2-42 和图 2-43）

图 2-42　现代简约风格景墙

图 2-43　现代简约风格庭院

9. 现代自然风格

现代自然风格将现代与自然完美结合，是对任何一种风格的超越。运用现代主义的手法，融入传统历史、文化、地域风情，揉入自然主义的现代地域风情景观设计。（见图 2-44 和图 2-45）

图 2-44　武汉华润凤凰城建筑造型

图 2-45　武汉华润凤凰城水景

10. ART-DECO 风格

ART-DECO 风格一方面暗示了装饰艺术派的历史根源——1925 年的巴黎国际现代工业博览会；另一方面概括了这一风格的特点：装饰介于古典与现代之间，融合了立体派和构成主义。

ART-DECO 风格主要体现在建筑单体的外立面和内饰方面，其注重的是建筑单体的形态效果：①垂直线条的强调；②阶梯状收分的表现；③几何化形态的装饰。（见图 2-46）

ART-DECO 风格善于运用多层次的几何线型及图案，重点装饰于建筑内、外门窗线脚、檐口及建筑腰线、顶角线等部位，在内门窗、栏杆、家具细部亦饰以装饰艺术派的图案和纹样。（见图 2-47 和图 2-48）

图 2-46　建筑外立面线条设计

图 2-47　建筑腰线

图 2-48　建筑檐口、顶角线

景观竖线条序列强化的庭院空间，呼应建筑空间的竖向设计，运用钢结构材料形成序列的景观空间，和石材的厚重、大气形成强烈的 ART-DECO 风格。（见图 2-49）

入户景观的精心设计是营造强烈归属感的重要标志。（见图 2-50）

图 2-49　ART-DECO 风格景观庭院

图 2-50　ART-DECO 风格入户景观设计

天然石材的小品设计、简约的柱式设计和丰富的几何化图案，强化了小品的层次感。（见图 2-51）

图 2-51　ART-DECO 风格小品

思考与训练

1. 阅读景观设计要素的相关书籍，学习微气候、地形、建筑、水体、植物等要素的处理方法，思考要素是如何在景观设计中运用的。

2. 考察当地的典型景观，对景观设计要素内容进行拍照、调查和分析，将结果绘制于图纸上，内容以平面图、断面图和效果图为主。

第三章

景观设计师与景观设计公司

JINGGUAN SHEJISHI YU JINGGUAN SHEJI GONGSI

第一节
景观设计师

一、景观设计师的必备条件

景观设计师主要是运用专业知识与技能，从事景观规划设计、园林绿化规划建设和室外空间环境创造等方面工作的专业设计人员。从事景观设计行业的专业人员，要是具备美学、绘图、设计、勘测、文化、历史、心理学等各方面知识的复合型人才。

景观设计师是广博的思考者，要从宏观上考虑问题，通过使用各种元素，诸如线、造型、材质和颜色来表现景观；同时，要掌握一种景观空间分析语言，便于架起与公众之间交流的桥梁，以图示、模型、电脑成像和文本的形式将景观设计表达出来。

二、景观设计师的工作领域

景观设计师可能会专门研究一些特殊的领域，但是大多数的景观设计师一般从事多样化的工作。

日常场所——校园、公园、街道。

纪念性场所——奥林匹克会场、大型公共广场、滨水区。

游憩场所——旅游胜地、高尔夫球场、活动场所、主题和娱乐公园。

自然场所——国家公园、湿地、森林、环境保护区。

私密场所——花园、庭院、公司园区、科技园、工业园。

历史场所——历史纪念碑、世袭景区、城市历史地段。

学习场所——大学、植物园、树木园。

沉思场所——康复花园、感官花园、墓地。

生产场所——社区花园、雨洪治理、农耕用地。

工业场所——工厂、实业发展公司、矿业与矿石开采、蓄水水库、水力发电站。

旅行场所——高速公路、运输通道、交通建筑、桥梁。

宏观场所——新城镇、城市韵整修改造与住宅区。

三、国内外著名景观设计师及其作品

（一）国内部分著名景观设计师及其作品

1. 陈植（1899—1989）

陈植，上海崇明人，我国杰出的造园学家和现代造园学的奠基人，与陈俊愉院士、陈从周教授一起并称为"中国园林三陈"。他在造园艺术方面的论著奠定了中国造园学的基础。1926—1932 年担任近代重大工程中山陵园计划委员会委员，1929 年受委托制定我国第一个国家公园规划——《国立太湖公园计划》。他为我国最早的造园专著《园冶》进行注释，集毕生心血撰著《中国造园史》（于 2006 年 8 月出版）。（见图 3-1 和图 3-2）

图 3-1　《园冶注释》　　　　　　　图 3-2　《中国造园史》

2. 孟兆帧

孟兆帧是景观园林规划与设计教育家，湖北省武汉市人，北京林业大学教授、博士生导师，风景园林专家委员会副主任，1999 年当选为中国工程院院士。他负责设计的深圳植物园获深圳市 1993 年唯一的园林设计一等奖，与中国风景园林中心共同完成了北京奥林匹克公园林泉高致假山设计。（见图 3-3 和图 3-4）

图 3-3　北京奥林匹克公园林　　　　图 3-4　北京奥林匹克公园林泉高致假山设计 2
泉高致假山设计 1

3. 刘滨谊

刘滨谊是同济大学建筑与城市规划学院景观学系主任、教授、博士生导师。他开辟了景观规划设计学学科领域的理论研究与高新技术应用、专业教育及工程实践，创立了风景景观工程体系，提出了 CQE 人类聚居环境工程体系、景观规划设计三元论、景观与旅游 AVC 三力理论及最新研究理论——旅游规划 3S+3L 理论。其主要作品有新疆喀纳斯湖旅游规划、洛阳龙门石窟世界文化遗产园区战略发展规划与景区详细规划设计等。（见图 3-5 和图 3-6）

图3-5　新疆喀纳斯湖旅游规划

图3-6　洛阳龙门石窟

图3-7　秦皇岛汤河公园

4. 俞孔坚

俞孔坚，哈佛大学设计学博士，1995—1997年任职于美国SWA集团，长江学者特聘教授，北京大学建筑与景观规划设计研究院首席设计师。他把城市与景观设计作为"生存的艺术"，倡导白话景观、"反规划"理论、大脚革命和大脚美学，以及"天地—人—神"和谐的设计理念。其主要代表作品有秦皇岛汤河公园（见图3-7）、中山岐江公园、上海世博后滩公园等。

5. 王向荣

王向荣，北京林业大学园林学院教授、博士生导师、副院长、风景园林规划与设计学科负责人，中国风景园林学会理事，《中国园林》学刊副主编，北京多义景观规划设计研究中心主持设计师。其主要作品是2007年厦门市园博园概念性规划（见图3-8和图3-9）。

图3-8　2007年厦门市园博园概念性规划1

图3-9　2007年厦门市园博园概念性规划2

6. 何昉

何昉，江苏扬州人，深圳市北林苑景观及建筑规划设计院有限公司原院长、总景园师，主持完成了大梅沙海滨公园（见图 3-10 和图 3-11）、莲花山公园、欢乐谷主题公园等 1000 多个项目，其中获国内外奖 50 多项。

图 3-10　大梅沙海滨公园 1

图 3-11　大梅沙海滨公园 2

7. 庞伟

庞伟，广州土人景观顾问有限公司总经理兼首席设计师，华中科技大学兼职教授，《景观设计》杂志学术主编。2002 年，他的设计作品荣获美国景观设计师协会（ASLA）2002 年度最高奖项——荣誉设计奖。其主要代表作有中山岐江公园景观规划设计（见图 3-12 和图 3-13）、广州市白云国际会议中心景观设计。

图 3-12　中山岐江公园 1

图 3-13　中山岐江公园 2

8. 孙筱祥

孙筱祥，1946 年浙江大学园艺系毕业，主修造园学，获农学士学位，曾师从徐悲鸿教授学习西画，现任北京林业大学园林学院园林设计研究室主任、教授，北京林业大学深圳市北林苑景观及建筑规划设计院荣誉院长、首席顾问、总设计师。国际风景园林师联合会（IFLA）对孙筱祥颁发 2014 年度杰弗里·杰里科爵士金质奖。其代表作有美国爱达荷"诸葛亮草庐"园、杭州花港观鱼公园（见图 3-14 和图 3-15）、杭州植物园等。

图 3-14　杭州花港观鱼公园 1

图 3-15　杭州花港观鱼公园 2

（二）国外部分著名景观设计师及其作品

1. 弗雷德里克·劳·奥姆斯特德

弗雷德里克·劳·奥姆斯特德是"美国景观设计之父"。他于1858年提出了现代景观设计的概念，提出了"把乡村带进城市"的观点。美国纽约中央公园（见图3-16至图3-19）是把保护自然的理想付诸设计实践的重要作品，标志着普通人生活景观的到来。美国的现代景观设计从中央公园起，开始营造使普通公众身心愉悦的空间。弗雷德里克·劳·奥姆斯特德的代表性景观作品有富兰克林公园、波士顿绿宝石项链（见图3-20和图3-21）等。

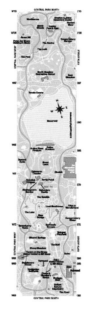

图3-16　美国纽约中央公园平面图

图3-17　美国纽约中央公园鸟瞰图

图3-18　美国纽约中央公园局部图1

图3-19　美国纽约中央公园局部图2

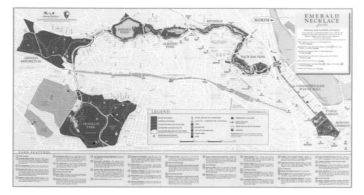

图3-20　波士顿绿宝石项链平面图

图3-21　波士顿绿宝石项链鸟瞰图

2. 彼得·沃克

彼得·沃克是哈佛大学设计系主任，美国 SWA 集团创始人，"极简主义"设计代表人物，与梅拉尼·西蒙合作完成著作《看不见的花园：寻找美国景观的现代主义》。其代表作品有哈佛大学的唐纳喷泉、伯奈特公园、柏林索尼中心、马丁·路德·金景观大道（见图3-22和图3-23）等。

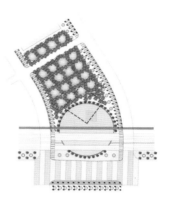

图 3-22　马丁·路德·金景观大道　　　　图 3-23　马丁·路德·金景观大道平面图

3. 玛莎·舒瓦茨

玛莎·舒瓦茨是美国景观设计师，她以在景观设计中对新的表现形式的探索而著称。其主要代表作品有爱尔兰都柏林大运河广场（见图3-24和图3-25）、叙利亚首都大马士革儿童探索中心、美国亚利桑那州梅萨艺术中心等。

图 3-24　都柏林大运河广场1　　　　　图 3-25　都柏林大运河广场2

4. 理查德·海格

理查德·海格是美国景观建筑协会理事、世界著名景观建筑大师，是 XWHO 设计机构的智囊核心。他被公认为是现代景观建筑百年历史最具影响力的景观建筑师之一。其代表作有西雅图油库公园（见图3-26）、华盛顿奥林匹克雕塑公园（见图3-27）和班布里奇岛的布洛德保护区等。

图 3-26　西雅图油库公园　　　　　　图 3-27　华盛顿奥林匹克雕塑公园

5. 户田芳树

户田芳树是日本著名的景观设计师，1989年凭借"诹访湖畔公园"项目荣获东京农业大学造园大奖，1994年凭借"科利亚庭园"获日本公园绿地协会奖，1995年主创的修善寺"虹之乡"项目荣获造园协会奖。其主要代表作有绿色津南中央庭园（见图3-28）、运动公园"划艇俱乐部"、八千代市兴和台中央公园（见图3-29）等。

图3-28　绿色津南中央庭园　　　　　　　图3-29　八千代市兴和台中央公园

6. 伊恩·伦诺克斯·麦克哈格

伊恩·伦诺克斯·麦克哈格是公认的生态主义设计的先驱。1965年，其经典著作《设计结合自然》提出了综合性的生态规划思想，以丰富的资料、精辟的理论，阐述了人与自然环境之间不可分离的关系以及设计应该遵从与自然结合的原则。他提出的生态主义设计思想，为现代景观设计学开拓了新的领域。其主要作品有大峡谷规划（见图3-30）。

7. 约翰·奥姆斯比·西蒙兹

约翰·奥姆斯比·西蒙兹是美国现代景观设计的先驱之一，曾任美国景观设计师协会主席、英国皇家设计研究院研究员、美国总统资源与环境特别工作组成员等职。其著作有《景观设计学——场地规划与设计手册》（见图3-31）、《大地景观——环境规划设计手册》等。

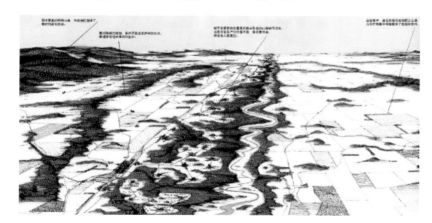

图3-30　大峡谷规划　　　　　　　　　图3-31　《景观设计学——场地
　　　　　　　　　　　　　　　　　　　　　　　规划与设计手册》

8. 卡尔·斯坦尼兹

卡尔·斯坦尼兹是国际权威景观规划和城市设计教育家，历届哈佛大学设计学院主要学术主持人，美国哈佛大学设计学院景观规划设计系终身教授，早年师从城市设计泰斗凯文·林奇，并获得麻省理工学院博士学位。他在景观视觉分析、计算机和地理信息系统、景观生态学在规划中的应用等诸多领域都有开创性的贡献，被行业誉为"GIS地理信息系统之父""二十世纪对规划建筑有影响的百人之一"。

9. 佐佐木英夫

佐佐木英夫是美国著名景观规划事务所 SWA 集团创始人之一，美国著名景观设计事务所 Sasaki 创始人，一直推崇"和谐"观。这种从对自然的崇尚和理解发展而来的观念，渗透于佐佐木英夫大部分的城市设计理念之中。其主要作品是口袋公园（见图 3-32 和图 3-33）。

图 3-32　口袋公园 1

图 3-33　口袋公园 2

四、景观设计作品欣赏

1. 第十届全国高校景观设计毕业作品展

主办单位：北京大学。

作品展示如图 3-34 至图 3-37 所示。

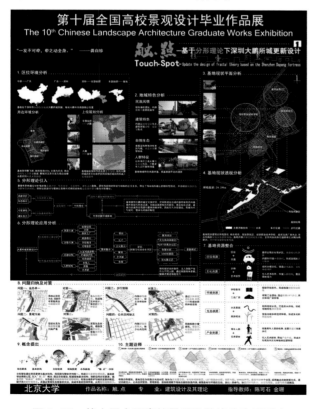

图 3-34　第十届全国高校景观设计毕业作品展 1

图 3-35　第十届全国高校景观设计毕业作品展 2

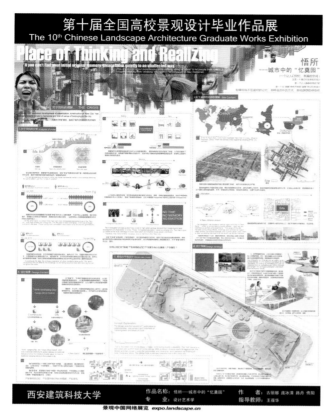

图 3-36　第十届全国高校景观设计毕业作品展 3　　　　图 3-37　第十届全国高校景观设计毕业作品展 4

2. 艾景奖获奖作品

主办单位：中国住房和城乡建设部、中国国家林业局、国际园林景观规划设计行业协会（ILIA）、中国林业大学等。

作品展示如图 3-38 至图 3-41 所示。

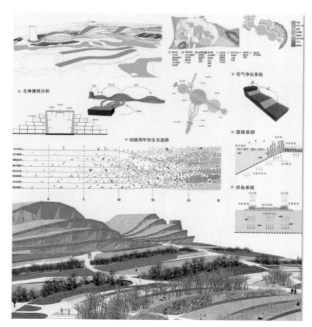

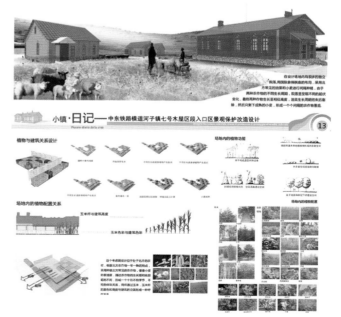

图 3-38　艾景奖获奖作品 1　　　　　　　　　　图 3-39　艾景奖获奖作品 2

图 3-40 艾景奖获奖作品 3

图 3-41 艾景奖获奖作品 4

3. IFLA 设计大赛获奖作品

IFLA 设计大赛获奖作品展示如图 3-42 至图 3-44 所示。

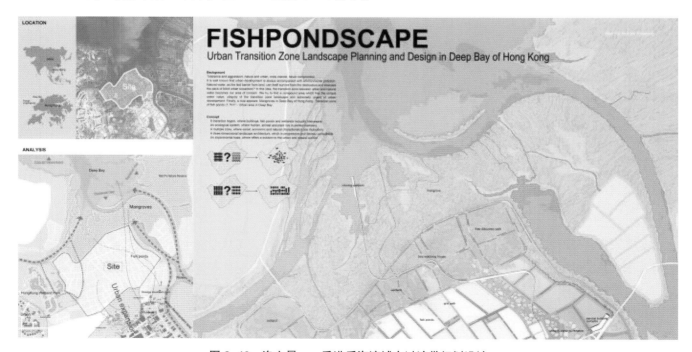

图 3-42 渔之景——香港后海湾城市过渡带规划设计

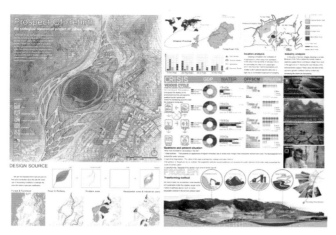
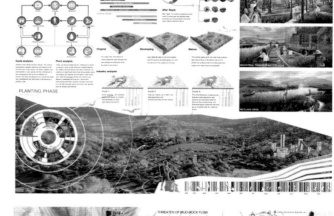
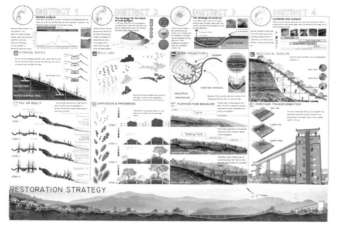
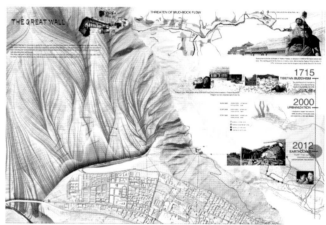

图 3-43　IFLA 设计大赛获奖作品 1　　　　图 3-44　IFLA 设计大赛获奖作品 2

第二节
景观设计公司

一、景观设计公司的概念

　　景观行业的公司主要分为景观设计公司和园林工程公司。景观设计公司从专业的设计和可实现性的角度，为中国城市化的发展提供用地分析、经济策划、城市规划、建筑设计、景观设计和生态技术咨询等服务，以及全程化、一体化和专业化的解决方案，以创造具有地域特色的人性化和充满活力的城市和城市空间。

　　园林工程公司是为实现客户和设计师的意图，集设计和施工于一体的综合性园林服务型企业。

　　按照投资和权属关系，中国目前进行景观设计的企事业单位有设计院（含规划院）、高校管辖下的设计公司、中资景观设计公司、房地产集团旗下的设计公司、中外合资设计公司和外资企业。

二、景观设计公司的经营范围

景观设计公司主要承接园林景观规划设计、建筑设计、室内装饰设计及城市规划设计与咨询、园林工程及室内装修施工、工程预算等，将景观功能要求、环境要求与艺术表现要求具体化，通过图纸、文件及其他有效的方式表现出来。

园林工程公司主要承接园林绿化设计，园林绿化施工，园林绿化养护（绿化苗木、绿化花卉），屋顶花园、园林石、景观小品修筑等。

第三节
景观设计实施过程

一、景观设计公司的组织构架和制度

景观设计公司一般由市场部、设计部、工程部、财务部及管理部等组成，其核心部门是设计部。每个优秀的设计公司都有自己的文化和既定目标。

景观设计公司有着严格的管理制度，公司有针对不同岗位的岗位责任制度，同时也会定期考核（见表3-1）。

表3-1 景观设计师考核表（参考）

姓　　名		岗位（任职时间）	
类　　别	考察内容	权重分值	分　　数
基本能力	图纸中专业术语运用的正确性	2	
	与建筑规划等相关专业的沟通、协调	1	
	对新课题及新设计资料的掌握	1	
	图纸表达能力及逻辑思维	4	
	内、外部沟通及汇报能力	3	
	适应能力（环境变化应对能力）	1	
创意能力、概念方案创意	创意能力、概念方案创意	10	
	方案设计能力、空间把握及功能合理性	6	
	创新能力	2	
工作效率及贡献	工作效率	12	
	工作质量	18	
	工作计划内容及完成情况	7	
	所服务单位及工作完成情况	5	
	资料收集及共享	3	

续表

姓　　名		岗位（任职时间）	
类　　别	考 察 内 容	权重分值	分　　数
任职能力及态度	工作积极性	5	
	工作主动性	4	
	服务意识	2	
	自我学习能力	3	
	团队协作能力	5	
	内部资料的保密	2	
	所服务单位对其评价	4	

二、景观设计师的分工与职责

在景观设计公司内部，市场部负责开拓市场、接洽客户、签订合同、跟踪项目的全过程，工程结束后进行必要的售后服务工作。设计部与市场部配合紧密，除了做设计外，与客户之间的交流都是配合市场部共同进行的。

设计项目进行到后期，设计部还需要与工程部或者园林工程公司（施工方）进行构造方案的制订、材料的选择，施工合同签订后则要在整个施工过程中进行指导、监督和整改。表 3-2 所示为设计部部分岗位职责表。

表 3-2　设计部部分岗位职责表

部 门	岗 位	主 要 职 责
设计部	规划设计师	1. 负责项目策划、市场定位、市场调研、可行性研究等专题研讨； 2. 负责组织与协调规划设计方案招投标工作； 3. 负责规划设计方案等阶段性成果汇报； 4. 负责评审规划设计方案； 5. 负责规划设计内建筑物、构筑物的设计任务书编制工作
	方案设计师	1. 研究确定设计理念、设计主题，结合当地独特的客观条件，提供切实可行的设计方案、设计进度计划； 2. 勘查现场，收集、核实资料，了解项目周边实际情况，了解甲方设计意图； 3. 设计、制订铺装、小品、引路、景观带、植物配置、文字、主色调等诸多设计的规范要求及其各个设计环节操作流程； 4. 设计、计算设计节点的位置、尺度、结构、功能； 5. 审核设计质量，监督设计进度，解决设计技术难题
	植物设计师	1. 负责项目的植物方案设计，并在现场提供种植指导； 2. 协助完成与甲方、施工方的沟通、协调，解决技术方面的设计问题与现场施工问题
	施工图设计师	1. 负责整体设计方案施工图的制作； 2. 负责整体施工图册的排版、整理； 3. 负责向甲方或施工方进行技术交底和配合施工现场技术指导； 4. 负责市场最新材料及施工工艺的信息收集； 5. 负责施工图纸的调整、修改、变更等事宜

思考与训练

选择一家你认为比较理想的景观设计公司进行参观，了解其组织构架、员工责任分工；与各级设计师（设计总监、主设计师、专项设计师、设计师助理）进行交谈，了解他们的工作状态与生活状态；汇总信息，并得出自己对景观设计公司的看法及建议。

第四章

景观设计流程

JINGGUAN SHEJI LIUCHENG

景观设计的过程是感性思维和理性思维相结合的过程。方案构思要有感性的认知，施工图设计必须有理性的思维，设计必须符合设计场所的需求，因此景观设计必须强调实践性。

一般情况下，景观设计的操作流程基本上是项目任务书阶段、场地调查和分析阶段、景观概念设计阶段、方案设计阶段、扩初设计阶段和施工图设计阶段。（见图4-1）

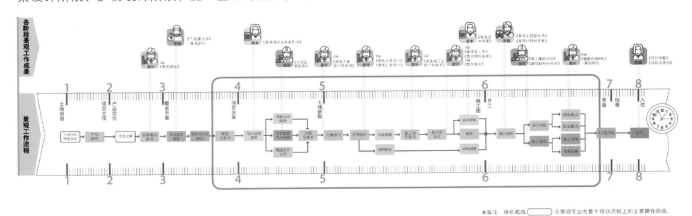

图4-1 景观设计的操作流程

第一节
项目任务书阶段

一、项目任务书的来源

在甲方选择设计方阶段，一般有邀请招标、公开招标（或者公开竞赛）和定向委托等形式。邀请招标一般是甲方邀请几个设计单位进行内部的设计竞标；公开招标是公开竞标，中标者或者前列设计单位享有设计费用；定向委托是特殊的项目设计活动，一般是项目出于保密或指定专家等考量。

二、项目任务书的具体内容

项目任务书的内容主要包括项目概况、规划设计范围、规划设计内容及要求、竞标方式、设计成果要求、评标办法、日程安排、费用补偿和附件等。

（1）项目概况：介绍该项目的基本情况，包括项目产生的背景、项目形成的过程、政策和法律依据、业主对项目的基本定位和要求等内容。

（2）规划设计范围：任务书中都明确说明该项目的面积规模和规划设计范围，其范围的界定在地形图上以规划边界线的形式画出来。

（3）规划设计内容及要求：包括项目定位定性要求、功能要求、风格要求、技术指标要求、城市规划强制性要求、工程造价估算等。

（4）设计成果要求：对设计的最终成果提出明确的要求，包括图纸的组成和数量、图纸的规格大小、图纸的装订要求、图纸和文本的份数、展板规格和数量、电子文件。

除了上面几项内容外，项目任务书的制订者根据实际需要可以增加其他的内容。

第二节
基地勘察

从设计任务书确认到景观方案设计有两个阶段：第一阶段是观察、分析阶段，即现场勘察、资料收集及分析阶段；第二阶段是理解场地、项目策划构思阶段，即确定项目立意及目标。

一、甲方提供基础资料

设计人员要向甲方或同项目人员咨询和索要相关数据和资料，具体有：

（1）城市总体规划、分区规划或详细规划对本规划地段的规划要求；

（2）建设方及政府规划部门的倾向性意见、开发意向；

（3）建设规划许可证批文及用地红线图；

（4）市域图及区域位置图；

（5）现状地形图，包括建筑现状、水系现状、植被现状、道路现状等，如图4-2所示；

（6）公共设施规模、分布；

（7）工程设施管网的现状、规划位置及规模容量；

（8）工程地质、水文地质（见图4-3）等资料；

（9）各类建筑、环境工程造价等资料；

图4-2　现状地形图

图4-3　水文资料图

（10）所在城市及地区的历史文化传统（包括历史演变、神话传说、名胜古迹等）和民风民俗（包括文化特色、居民生活习惯、生活方式等）等资料。

二、设计师收集基础资料

了解当地基础资料，综合使用 APP 软件和相机拍照进行实地考察和现场定位。主要流程是观察（观看、感知）—描述／表达（命名、展示要素）—分析（解释各种现状关系）—诊断问题—理解地段的活力。工作方法有观察法、拍照法、访谈法、问卷调查法、资料收集法等。

（1）地形与土地：要对地形进行分析和研究，同时要了解地形与人类生活的关系，掌握当前土地利用情况，绘制实地勘察资料图等。（见图 4-4 至图 4-6）

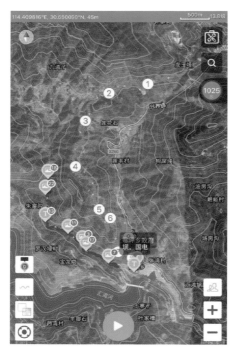

图 4-4　现场调查路线轨迹和拍照定点

桥
距离 187 m,海拔 498.5 m。

路口
距离 197 m,海拔 498.4 m。

图 4-5　现场定点照片和实时数据

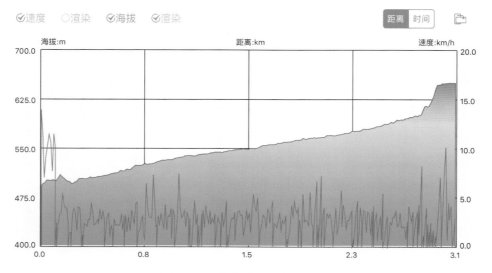

图 4-6　现场调查实时数据分析

（2）土壤条件和地理特征：影响着施工工艺和植物的生长。

（3）水资源条件和形态：地表水的走向和流速能影响设计结果和评价，潮汐、最高与最低水位等要调查清楚，要注意对湿地、岸线和周边河流、溪流等的处理。（见图4-7）

设计策略：

驳岸在造型上遵循公园整体设计的理念，在材料上尽可能选让人亲近、便于施工的材料，颜色要求明快，能够融入整个驳岸的体系当中。在施工工艺及结构做法的差异中，整个驳岸分为湿地驳岸、草地石块驳岸、直立驳岸，增加了驳岸的趣味性、多样性，而且使驳岸更接近自然、融入自然，艺术感十足。

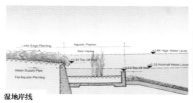

湿地岸线

草地石块岸线

体验河道生态岸线

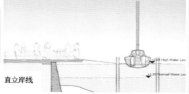

直立岸线

图4-7 生态岸线处理方式

（4）气候和植被特征：当地和现场植被要调查准确和详细，以便设计时进行植物设计。

（5）交通条件：了解基地与邻近区域的衔接情况及交通接入条件，收集交通条件图。

（6）了解区域内人口数量，群体的社会背景、生活背景、文化修养、习俗爱好等。（见图4-8和图4-9）

古宛城为周、秦之际兴建，两汉盛极一时，在明代、清代曾经重修和兴建，是我国著名的古城之一。
时代
明洪武三年（1370年）时，南阳城有四门：东门名延仪，南门名清阳，西门名永安，北门名博望。
清代
咸丰四年（1854年），南阳知府顾嘉衡为防备太平天国义军和捻军，对南城墙进行大修。
同治二年（1863年），南阳知府傅寿彤又在东、西、南、北四座城门外修筑了四座独立的寨堡。延仪门外叫万安寨，清阳门外叫清阳寨，永安门外叫永安寨，博望门外叫人和寨。又连通四寨筑廓（即外城墙皆板夯土墙），周围9公里建空心炮台16座，沿外城墙划为六段，称六关（大东关、小东关、大南关、小西关、大西关、大北关）。靠近护城河的叫内寨，靠近四郊的叫外寨，有寨门当处。由于四关土寨呈梅花形，故有"梅花寨""梅花城"之称。

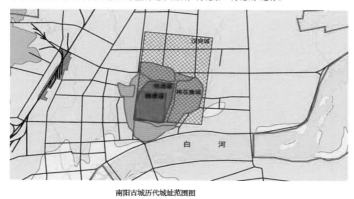

南阳古城历代城址范围图

南阳古城历代城址遗址情况图

图4-8 历史沿革

南阳汉文化的繁荣不仅从史籍中可以发现，从文物考古资料中也得以实证。《汉书·食货志》记载汉武帝新辟南方17郡，其财资和铁器等靠南阳和汉中铁官提供和调动。文物考古研究方面发现带有"阳二"铭文的铁工具在东南豫章郡(今江西樟树)、右扶风(今陕西兴平)均有发现。

从人文角度看，法学家张释之，大文学家、科学家张衡，医圣张仲景，汉王朝重臣左雄、朱穆等学者，也正是南阳汉代文化精粹的体现。南阳境内存在众多的汉代城址、水利遗迹，这些真不证明了汉文化的繁荣。大量的汉代画像石墓、画像砖墓从另一个侧面证明了汉文化的昌盛。

丰富的汉代遗物在南阳境内大量存在。汉文化遗产传续至今的既有《东京赋》《西京赋》《灵宪》《七辩》《伤寒杂病论》《金匮要略》等经典著作，又有张仲景碑、李孟初神祠碑等碑碣资料。

汉文化　　医圣文化　　三国文化　　冶铁文化　　商道文化　　南阳三宝　　科教文化

图4-9　当地文化背景

第三节
基地分析与诊断

　　基地分析是在客观调查和主观评价的基础上，对基地及其环境的各种因素做出的综合性分析与评价，使基地的潜力得到充分发挥，整理出对设计有用的资料，用以指导下一步的设计。

一、基地分析的工作程序

　　(1) 查找机遇与挑战——评论未来。发现设计地块的特点以及建设一个景观项目所具有的机遇，比如政策上的支持、投资比较充足、业主限制较少、周边环境对本项目的牵制较少、有充足的项目操作时间等；同时要认真分析可能存在的各种困难和挑战，比如资金上的缺口、周边环境的限制、规划上的控制等。(见图4-10)

　　(2) 定位目标——对未来的选择。在详细的现场勘察和资料分析之后，列出可能实现的各种项目目标，然后综合分析，选择最可行或者最具合理性的项目目标作为定位目标。(见图4-11)

　　(3) 计划／策划——选择对策行动(明确功能)。根据目标，制订具体的项目计划和实现步骤，并且付诸实施。(见图4-12至图4-15)

二、基地分析的工作内容

　　(1) 相关项目分析：对国内和国外的相关项目进行研究，以便更好地理解规划用地的优势和缺点，发掘项目

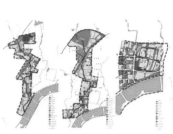

①三里河
商贸居住
中段以硬质岸线为主,结合商业设施,形成与城市功能紧密结合的滨水景观;北段在罗洼水库周边形成绿地景观节点;南段以居住为主,在白河入河口处形成景观节点。

②梅溪河
商业办公
中段以硬质岸线为主,两侧为居住区,沿岸布置滨水绿带,与护城河交界处形成景观节点;北段结合水库形成绿化节点;南段穿越老城商业中心及行政中心,端头与三里河交汇。

③护城河
旅游商业
靠近老城商业中心,护城河内侧为南阳历史城区,分布有多个历史街区,大量历史文物古迹等,周边为一些低层住宅。

④温凉河
文化休闲
穿越中心城区中部,南部毗邻南阳历史城区,以绿化廊道与白河相连,中部地区以居住为主,以绿带串联各景观节点,北部以工业园区景观。城市功能更为混合,拥有较多的城市空间节点。

⑤汉城河
居住服务
两侧以居住用地为主,河段较短,两侧用地功能较为单一。

⑥邕河
行政文化
靠近行政中心,在河南段将白河景观引入行政中心内部,形成城市中央公园生态文化内核;以邕河及绿地为主体形成的带型开放空间,成为连接白河与行政中心的水岸蓝带。

⑥十二里河
科研生产
与白河交汇处以工业用地为主,中部以科研用地结合居住用地,北部主要为工业用地。城市功能以科研生产为主。

⑧溧河
生产服务
与白河交汇处以商业和居住为主,中部主要为教育和居住用地,南部主要为工业用地。城市功能以生产服务为主。

图 4-10 设计地块的特点和机遇

南阳古城的东方蓝色水道

通过南水北调工程,温凉河将有稳定的水源,与水库一道输送水体流量。临独山脚下,流经城市,最终汇入白河,流出南阳市。
优势
温凉河为南阳市提供有利的城市个性。
道路与河流交叉的水道系统作为开放空间的主要元素。
稳定的河水水位提供亲水的可达性。
不同宽度和坡度的河道提供多样的滨水功能用途。
限制
长期受污染影响的河水,对温凉河景观有影响。
受沿岸工业发展影响,滨江水岸缺乏可达性。
河畔缺乏丰富的公共娱乐休闲活动。
缺乏市内水道利用周边用地的互动性。

呈现南阳城市滨河生活的生态绿廊*新形象*
拓展市民体验内河文化休闲旅游的城市*新名片*
创新城市内河景观保护利用的生态*新模式*

图 4-11 定位目标

承载现实的印记

一条承载记忆的内河

案例:菲斯河位于中东摩洛哥的菲斯市,修复工程采用景观都市主义。
设计策略:
1.皮革厂搬迁后,留下遗址,形成工业遗址公园;
2.保留皮革供应链的某些方面,进行产业升级、展示、销售。

随着城市发展,产业退二进三,工业的痕迹可以遗址公园的形式留下印记。

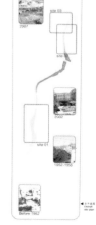

图 4-12 文化策划

图 4-13　水体景观策划

图 4-14　商业策划

图 4-15　整体设计概念

自身的特点，提升项目的潜在价值。（见图4-16）

图 4-16　国外相关项目研究

（2）自然肌理和土地利用现状分析：准备一份分析报告，阐述基地所在区域独特的条件要素，涉及项目基地内的邻里或者村落现状、开放空间结构、不同自然肌理的位置、土地利用情况、地形特点。（见图4-17）

图 4-17　开放空间分析

（3）考虑紧邻规划基地及整个基地区域的文脉情况：涉及规划用地中不同部分的联系及与整个基地所在区域的关联的分析，这将影响到规划用地的最终设计任务和空间布局方向的确定。（见图4-18和图4-19）

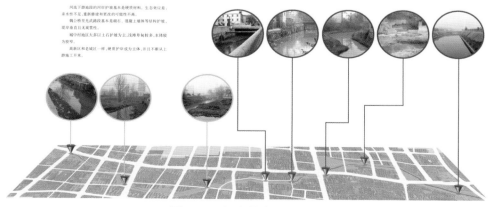

图 4-18　河岸护坡现状分析

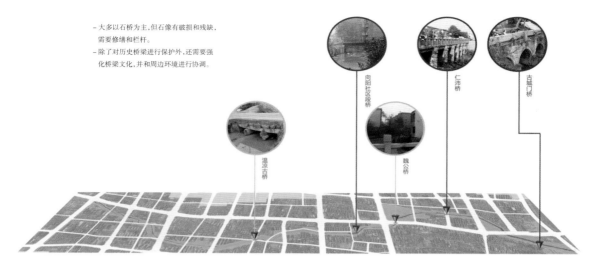

图 4-19　古桥现状分析

（4）环境质量和自然特征分析：对用地条件及其特征进行分析，如水面、绿地、树林、水滨、沙丘、山丘，以及其他自然地貌。通过对这些环境要素和土地要素的分析，可以知道规划用地现状将如何影响总体规划、规划用地如何与相邻区域连接、如何保护敏感的生态环境和强化潜在的视觉景观。（见图 4-20 和图 4-21）

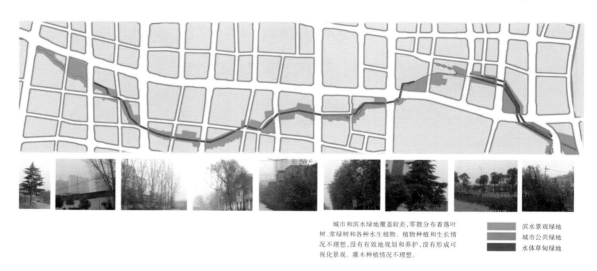

图 4-20　植物现状分析

图 4-21　未来重点开发分析

（5）道路交通条件分析：对基地所在区域和周边区域现存及规划的交通模式进行分析，帮助确定未来道路的层次和进入区域的路线，同时考虑机场位置、公共交通、停车、街道格局、往返交通路线、道路网特征、自行车和行人等对象。（见图4-22和图4-23）

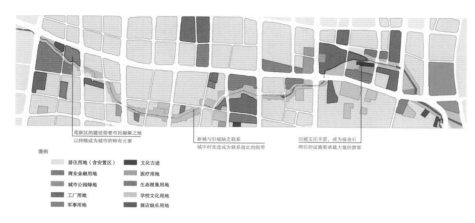

图 4-22　周边用地性质分析

图 4-23　交通现状分析

（6）公共设施和服务条件分析：根据已有的资料，在总体规划中注明已有公共设施的位置，包括给水排水、供电、排洪、照明、通信、煤气等。

（7）约束条件和机遇评估：完成上述任务后，通过分析，解释所采集的信息，完成对区域的重要主题构思，确定区域的自然约束条件和将来可能的设计方向，形成一系列的设计原则，作为设计发展阶段的参考。（见图4-24）

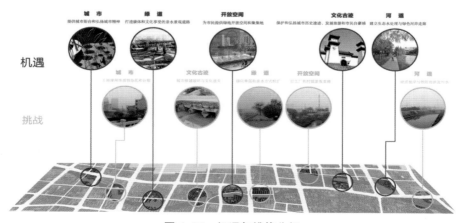

图 4-24　机遇与挑战分析

第四节
景观概念设计

概念设计是方案设计的前身，是在综合考虑任务书所要求的内容的基础上，对场所进行主题设计定位，提出一些方案构思和设想。每个景观用地都有特定的使用目的和基地条件，使用目的决定了用地所包含的内容。

一、设计理念

（1）确定基地的发展目标。用各种草图和图表说明区域的整体潜力，说明详细的约束条件和机会，清楚地表明所做出的方案选择。（见图4-25和图4-26）

图4-25 设计理念诠释

图4-26 景观文化表达诠释

（2）确定基地的空间系统，找出各使用区之间理想的功能关系，精心组织空间序列。（见图 4-27）

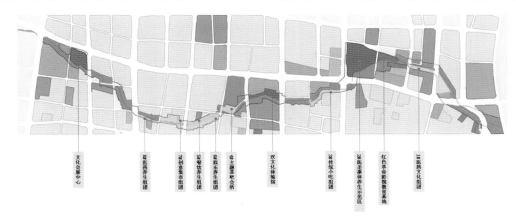

图 4-27　建筑地块规划分析

（3）建立路网平面和交通网络。设计一个整合的交通网络以及各个区域之间的格局图，使其符合现有的道路和周边地区情况，解决区域开发、交通、安全和公园场地等事宜。（见图 4-28 和图 4-29）

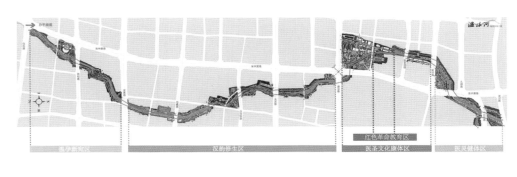

图 4-28　景区路网平面和交通网络

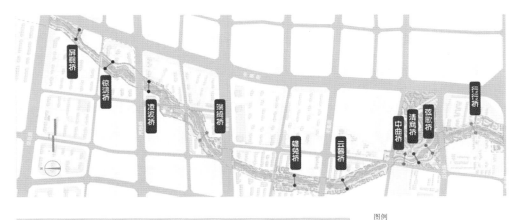

图 4-29　景区区域交通网络

（4）确定发展区域，界定发展区域的土地使用性质、使用密度。（见图4-30至图4-33）

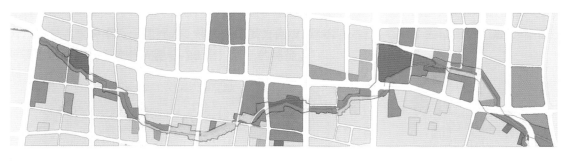

图 例

居住用地（含安置区）　　文化古迹　　　　景区滨河步行街　　酒店娱乐用地

商业金融用地　　　　　　医疗用地　　　　景区工业遗址改造用地

城市公园绿地　　　　　　生态围屏用地　　红色革命教育用地

工厂用地　　　　　　　　学校文化用地　　景区滨河绿化用地

图 4-30　景区土地使用性质

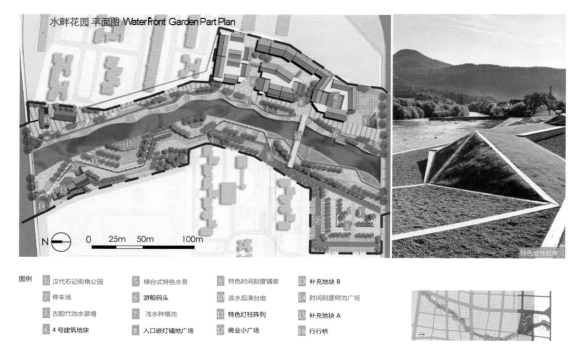

图例

1 汉代石记街角公园　　5 梯台式特色水景　　9 特色时间刻度铺装　　13 补充地块 B

2 停车场　　　　　　　6 游船码头　　　　　10 滨水观演台地　　　14 时间刻度树池广场

3 古韵竹池水景墙　　　7 浅水种植池　　　　11 特色灯柱阵列　　　15 补充地块 A

4 4号建筑地块　　　　8 入口嵌灯铺地广场　12 商业小广场　　　　16 行行桥

图 4-31　景观概念设计平面图与设计意向

图 4-32　概念设计效果图

图 4-33　概念设计鸟瞰效果图

二、功能分区图

功能分区图可以确定设计的主要功能与使用空间是否有最佳的利用率。绘制功能分区图时需要考虑:

（1）什么样的功能产生什么样的空间，同时与其他空间有何衔接?

（2）什么样的功能空间必须彼此分开，要离多远? 在不调和的功能空间之间，什么时候要阻隔或遮挡?

（3）如果将一个空间穿过另一个空间，是从中间穿过还是从边缘穿过? 是直接穿过还是间接穿过?

（4）功能空间是开敞的还是封闭的? 是由外向里看，还是由里向外看?

（5）是否每个人都能进入这种功能空间? 是只有一种方法还是有多种方法?

景观功能分区的结构分析和体系分析分别如图 4-34 和图 4-35 所示。

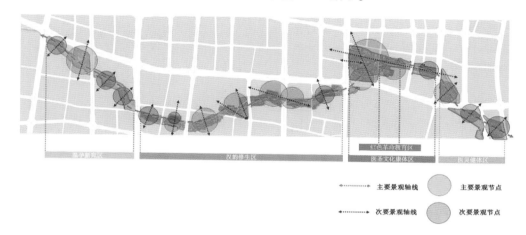

图 4-34　景观功能分区的结构分析

图 4-35　景观功能分区的体系分析

三、概念性草图

设计者通过勾画草图来捕捉和记录头脑中的设计构思。在功能分区图的基础上，把前一阶段所做的现状图、调查记录等表示出来，在这一过程中把场地的相关信息和设计者的思想融合在一起。设计者可以用简单的箭头来

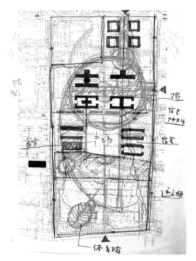

图 4-36　概念性草图

表示运动的轨迹，用不同形状和大小的箭头来区分主要和次要的路线及不同的道路模式。圆圈代表人流的集结点及其他具有重要意义的场地。（见图 4-36）

四、造型研究

设计人员在此阶段仍是处理一些比例、功能与位置的实用性问题。如以直线、曲线、弧线、圆形、三角形、矩形等几何图形为模板，得到遵循各种几何形体内在数学规律的图形，设计出高度统一的空间，并通过分析、比较，选择最佳方案。（见图 4-37）

造型的研究是处理设计中硬质结构因素（如地面铺装、道路、水池、种植池等）和绿植草坪边缘线条的手段，这种方法非常适合小尺度的项目建设，而大尺度的公园或者风景区的规划可用在特殊区域或者局部设计。（见图 4-38 和图 4-39）

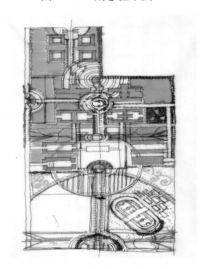

图 4-37　功能实用性思辨

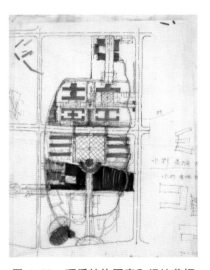

图 4-38　硬质结构因素和绿植草坪边缘线条的处理

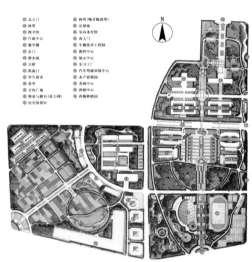

图 4-39　设计草图规整化成果

第五节
不同阶段的图纸深度

一、景观方案设计

方案设计阶段主要进行功能分区，结合基地条件、空间及视觉构图，确定各种使用功能，取得平面位置（包括交通布置和分级、工厂和停车场地的安排等），绘制景观功能图解、概念图，研究造型组合，然后得到平面图、效果图、演示文件、方案文本、初步模型等。

（1）建设场地的规划和现状位置图。图中标明建设用地轮廓、现状及规划中构（建）筑物的位置和周围环境。（见图4-40）

（2）方案平面图。在用地范围内标明道路、广场、水面、构（建）筑物、园林植物类型、出入口位置及主要地形竖向控制标高等。（见图4-41）

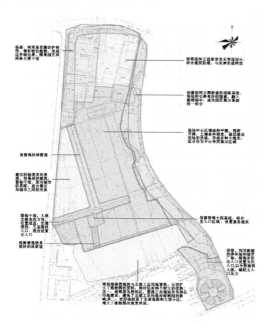

图4-40　用地适宜性分析

图4-41　方案平面图

（3）分析图。用适当比例的图示进行功能分区、人流集散、游览流向的分析。（见图4-42和图4-43）

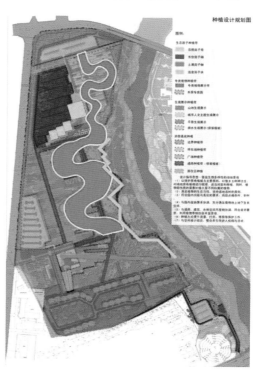

图4-42　方案道路设计图

图4-43　种植设计图

（4）重要景点、园林建筑或构筑物、山石、树丛等主要景点或景物的平面图或效果图。（见图 4-44）

（5）公用设备、管理用设施的位置分布图。

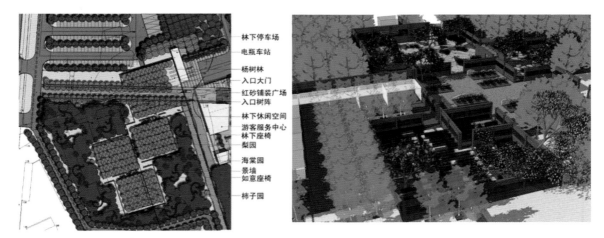

图 4-44　分区节点设计图与效果图

二、景观扩初设计

扩初设计是对方案设计进行细化的一个过程，经过委托方的评审和沟通，对方案设计的内容进行修改、完善，同时注重细部设计。扩初设计阶段的方案图纸应该具备可以使用该图纸进行施工图设计的功能。

（1）总平面图：用具体尺寸、标高表明道路、广场、水面、建筑、假山等的相互关系及与周围环境的配合关系，必要时可用断面图加以明确。总平面图必须有准确的放线依据。除总平面图以外，必要时可分别增加竖向设计图、道路广场设计图、种植设计图、建筑设计图。（见图 4-45）

（2）竖向设计图。

（3）道路广场设计图：广场外轮廓、道路宽度用具体尺寸标明。（见图 4-46）

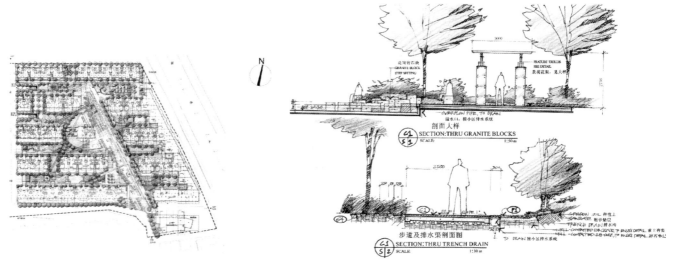

图 4-45　扩初设计总平面图　　　　　　　图 4-46　步道及排水渠剖面图

（4）种植设计图：标明树林、树丛、孤立树和成片花卉的位置，确定主要树种，重点树木或树丛要标出与建筑、道路、水体的相对位置；比例尺同总平面图。（见图 4-47）

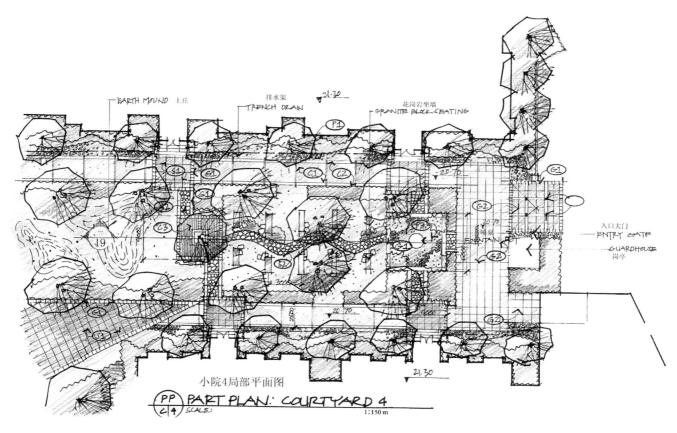

图 4-47　植物种植平面图

（5）建筑设计图：注明建筑轮廓及其周围地形标高、与周围构筑物的距离尺寸及与周围绿化种植的关系。（见图 4-48 和图 4-49）

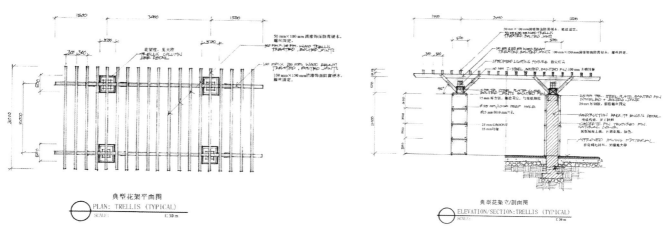

图 4-48　花架平面图

图 4-49　花架立 / 剖面图

水、电管网图：标明管线平面位置和管线中心尺寸。

（6）说明书：对照总体方案图文件中的文字说明部分，提出全面的技术分析和技术处理措施，说明各专业设计配合中关键部位的控制要点，说明材料、设备、造型、色彩的选择原则。

（7）工程量总表要标明下列内容数据：各园林植物种类，广场、道路铺装面积，驳岸、水池面积，各类园林小品数量，园林建筑、服务、管理建筑、桥梁的数量和面积等。

思考与训练

1. 拟订一份任务书。

建议选取一个具体的景观项目，先进行项目背景情况介绍，并且提供详细的地形图和相关资料，要求学生根据所提供的资料进行分析和研究，提出一项适合该地块的景观项目，根据自己对该项目的理解起草一份设计任务书。

2.临摹一套著名公司的景观设计方案，了解设计图纸体系、图纸表现方法和设计思路。

第五章

景观空间布局与场地设计

JINGGUAN KONGJIAN BUJU YU CHANGDI SHEJI

创造空间是对周围环境的有意识的自然行为。在改造环境的过程中，景观把一些事物连接在一起，它们构成了生机勃勃的空间，是精神飞跃的起点，这就是景观的内涵。与建筑空间不同的是，景观空间没有顶，没有屋面。景观是在地面、垂直面及天空间创造空间。

第一节
景观空间特性

一、空间感受

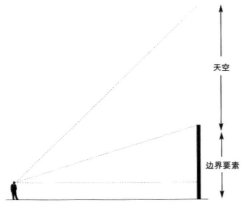

图 5-1 观察者与空间中构成边界的实体的距离

1. 空间尺度

人和空间有着密不可分的联系。空间的效果几乎不依赖于测量的尺寸，而是传达空间的自然感觉，依赖于观察者与空间中构成边界的实体的距离及观察者眼睛和实体的高差。评价一个空间是否均衡的标准就是人和空间的比例。（见图 5-1）

（1）比例为 1：1 的空间给人一种局促感和安全感。处于观察细节的视点，相应的视角接近 45°。（见图 5-2 和图 5-3）

（2）比例为 2：1 的空间具有一定的隔离感，没有局促感。关键是要保证隔离感，边界和地面需要不透明、封闭的边界墙。它是观看单个建筑的视点比例，相应的视角接近 27°。（见图 5-4 和图 5-5）

图 5-2 比例 1：1（狭小局促，但安全）

图 5-3 观察细节的 45° 视点

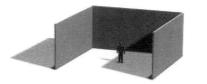

图 5-4 比例 2：1（隔离）

图 5-5 观看建筑的 27° 视点

（3）比例为 4：1 的空间可以达到"广阔"的效果。（见图 5-6）

（4）比例为 10：1 的空间有失落、离开感，但也让人觉得很广阔、"自由"。

图 5-6 比例 4：1（广阔感）

图 5-7 比例 10：1（失落、离开感）

2. 空间边界

空间边界致力于描写人类建立的如画的空间，由连续闭合的边界墙围合而成，还有一个水平的表面。

景观意味着设计边界、面和体在空间中的位置，即改装或变形"纯净"空间闭合的边界，是为"内部"（空间）和"外部"（环境）寻找及提供更广泛联系的方法。

案例一：两个方形空间（见图5-8），可以演变成几种其他形式的空间？

图5-9所示为利用图5-8进行的演变空间边界训练。

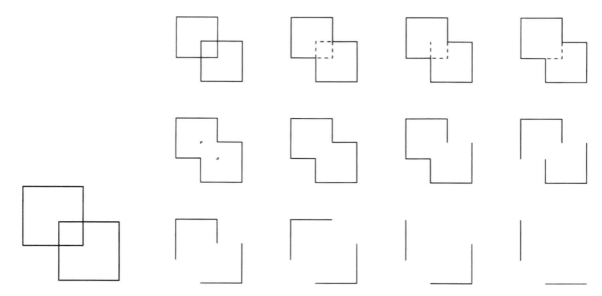

图5-8 演变空间原型   图5-9 演变空间边界训练

案例二：利用两棵树，在林荫道路边的建筑旁创造不同空间特性的广场，如图5-10所示。

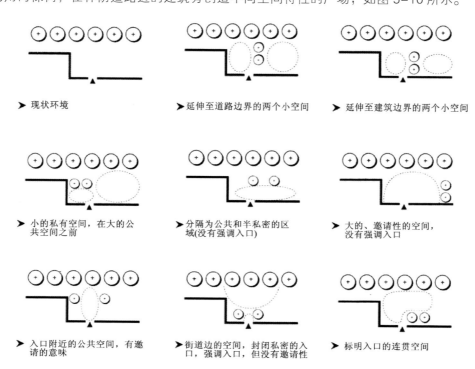

➤ 现状环境   ➤ 延伸至道路边界的两个小空间   ➤ 延伸至建筑边界的两个小空间

➤ 小的私有空间，在大的公共空间之前   ➤ 分隔为公共和半私密的区域(没有强调入口)   ➤ 大的、邀请性的空间，没有强调入口

➤ 入口附近的公共空间，有邀请的意味   ➤ 街道边的空间，封闭私密的入口，强调入口，但没有邀请性   ➤ 标明入口的连贯空间

图5-10 创作不同空间特性训练

3. 空间等级和序列

空间等级是若干空间层层相套。观看者能同时感知几种不同类型、不同强度的空间边界。

空间序列是一些连续的、独立的空间场所，它们之间以通道相连，人只能感受其中的一个空间。

二、空间处理方法

1. 高差处理空间

高度变化可以是生硬、明确的变化，也可以是慢慢渐变、明确定义过渡区域的变化。

（1）不同高度的差别，形成不同的边界区域，需要一个有特色的形式。（见图5-11）

在图5-11（a）中，降低地面30~50 cm，联系感占主要地位；在图5-11（b）中，明显地降低地面超过150 cm，隔离感占主要地位，尽管和外界有视线接触。

(a)   (b)

图5-11　不同高差边界

（2）在斜面上，取得梯形地的方法是削去一块物体、增加一块物体或两者都有。（见图5-12）

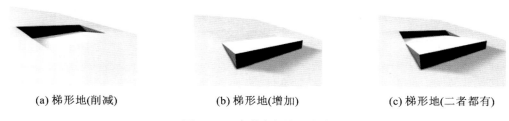

(a) 梯形地(削减)　　　　(b) 梯形地(增加)　　　　(c) 梯形地(二者都有)

图5-12　高差空间处理方法

（3）在坡地上，种植能增强或减弱地势。在坡地顶部种植高或半高的树木，坡地看起来更灵动，从树下空隙看出去，真实的地貌还是保留下来了。顺着坡地的地形种植封闭的植物组团，会提升整个地形，植物和山体混合在一起，使坡地看起来更"高"、更"庞大"。（见图5-13）

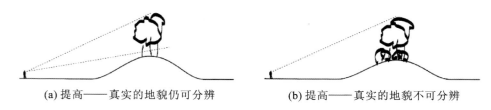

(a) 提高——真实的地貌仍可分辨　　　　　(b) 提高——真实的地貌不可分辨

图5-13　提高地形处理

（4）种植在山边的植物使地形变得模糊，种植在山前的植物使地形看起来平坦。（见图5-14）

2. 创造场所焦点

白纸上的一个点惹人注意，它就是环境的焦点。焦点的创造基于它们的特殊位置或它们在环境中的特色。（见图5-15）

(a) 种植在山边，地形变得模糊，没有强化也没有弱化

(b) 种植在山前，地形变得平坦

图 5-14　模糊地形处理

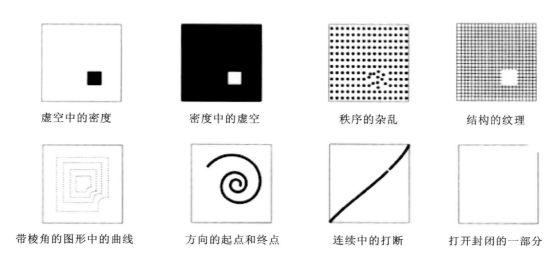

图 5-15　白纸上的"点"

为了强调设计中的焦点，需要设计一个清晰、坚固、具体布置的焦点。焦点的位置越远就越要如此，或让人们看到的点自动成为焦点，例如几何中心。只要一个焦点的位置仍然是清晰的，并能从环境中根据方向及位置清晰地辨别出来，它就能强调它周边相关的区域，给自身分类以"服从"于环境的需要。（见图 5-16）

在图 5-16（a）中，方形平面由边界界定特殊位置；在图 5-16（b）中，标记在中心，因为所有的面价值相等，成为最平稳的点；在图 5-16（c）中，标记在中间的水平对称轴之所以平稳，是因为它平行于边界线，之所以不稳定、受干扰、摇摆，是因为它接近几何焦点（两者相互竞争）；在图 5-16（d）中，标记在对角线，扫除了"包含"和"开放"的区别，和左边及上部的联系很强；在图 5-16（e）中，标记明显远离中心，和左边的联系很强，但仍是空间的焦点；在图 5-16（f）中，标记在角落，给该区域带来了强烈的重量感，但不再是空间的焦点（加强了边界而不是空间）。

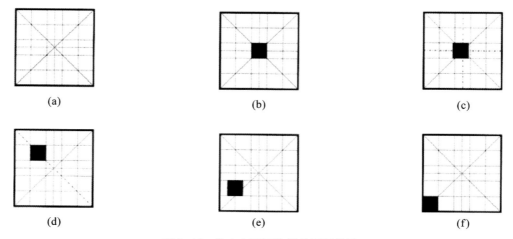

图 5-16　焦点在不同位置的不同效果

第二节
运动空间的处理

人们的运动轨迹并非无迹可寻。人们无论是朝着同一方向前行，还是中途转弯，或者放慢脚步，或者加速通过，这些是完全可以预料的。通道设计意味着不露痕迹地陪伴着人的活动，有效地参与到人的活动中去。

一、运动轨迹规律

运动轨迹是寻找一种行进的方法，尽可能在不经意间维持平稳的步伐，这样既节省体力又舒适自然。只有无须集中精力于脚下的每一步时，人们才能把注意力转向沿途的景象。人们倾向于绕过横亘在前进道路上的障碍，选择一条变化尽量少的道路。（见图5-17）

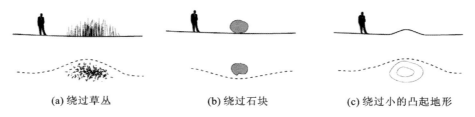

(a) 绕过草丛   (b) 绕过石块   (c) 绕过小的凸起地形

图 5-17　人们倾向于绕过道路上的障碍

在同样的倾斜度下，与下沉的谷地相比，凸起的山坡是更大的障碍。因为斜面往下沉时，行进的方向和路径表面仍然可以辨识；而在穿越凸起的山坡时，在上坡阶段，目的地和行进的路线都会暂时不可见。（见图5-18）

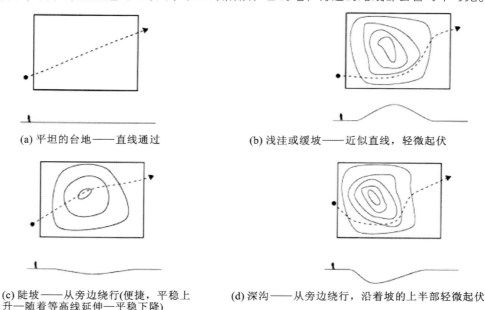

(a) 平坦的台地——直线通过   (b) 浅洼或缓坡——近似直线，轻微起伏

(c) 陡坡——从旁边绕行(便捷，平稳上   (d) 深沟——从旁边绕行，沿着坡的上半部轻微起伏
升—随着等高线延伸—平稳下降)

图 5-18　不同地形的绕行方式

为了避免在坡地行走时的不舒适感，人们会在坡地中寻找水平的路段。如果没有更舒适、平缓的路线，人们就会找出切过等高线上的最近的、可利用的落脚点往上攀登。对于长而陡峭的山路，人们希望找出一条最节省体力的路线。（见图 5-19）

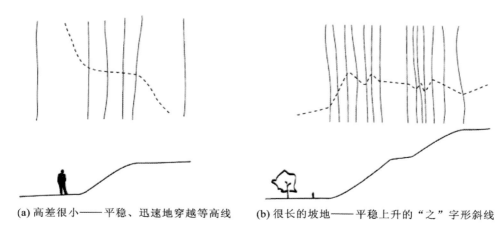

(a) 高差很小——平稳、迅速地穿越等高线　　(b) 很长的坡地——平稳上升的"之"字形斜线

图 5-19　不同坡度的行走方式

二、道路控制运动

道路对景观的影响主要不在道路本身，比如路面铺装，而是步移景异——通过道路设置，把沿途的景观逐一呈现在人们面前。道路引导着视线，把游者的注意力引向"景点"。（见图 5-20）

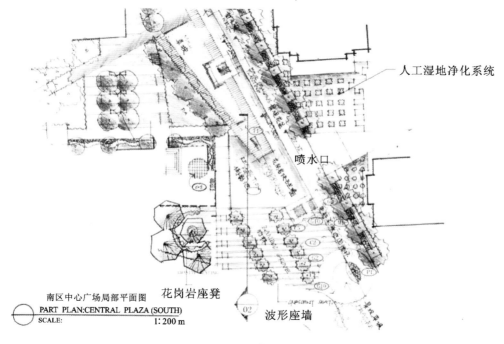

人工湿地净化系统

喷水口

南区中心广场局部平面图
PART PLAN:CENTRAL PLAZA (SOUTH)
SCALE:　　　　　　　1:200 m

花岗岩座凳

波形座墙

图 5-20　步移景异道路设置

在道路系统设计时，在行进途中设置有趣的节点，让人们不时感到"这一步已经做到了""已经到达分段的目的地""离目的地越来越近了"，让人们乐意沿着现在的道路走下去。道路不要让目的地一目了然，以降低人们抄近道的欲望，中途设置一些有吸引力的节点，如座椅、景点、特色植物等，可以避免人们直接奔向目的地。（见图 5-21）

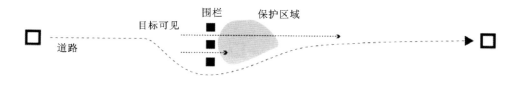

(a) "消极控制"：目标可见，抄近道的欲望受阻

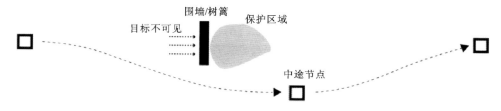

(b) "积极控制"：道路转向，最终目标不可见，中途节点促使转向

图 5-21   有趣的节点设置

　　目标明确的道路要求尽快到达目的地。对整个道路的感知区域主要受目的地的引导。直线形道路的"自动"感知区域，能清楚感知视觉通道：上、下大约各 15°，视角范围为 30°~35°。

　　道路线形的转换带来了沿途景观的不断变化。曲线道路的设置忌讳只关注道路本身的形式，道路的线形要根据实际地形和相关的景观要素（沿途吸引人的视觉联系）来确定。水平面上无缘无故的"蛇形"道路会让人感到武断、恼人、令人厌烦，它们违背了人们本能的活动规则，必然会导致场地因人们抄近道而被破坏的现象。（见图 5-22）

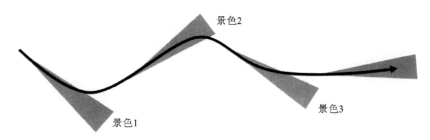

图 5-22   曲线形道路感知区域

　　没有景观控制的曲线形道路，结果都被抄近道的人们破坏了。曲线形道路结合开敞的景致，曲线随视觉联系和视线约束而定，寻求与道路周边可能和必需的融合。（见图 5-23）

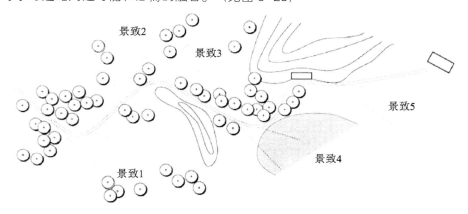

图 5-23   道路结合景致设置

三、道路网络与节点空间

1. 道路网络

（1）可以按三个不同的等级来划分道路网络，可以根据用途和重要性的不同提供不同的路线。如果使用要求基本上同等重要，那么宜采用均衡的道路网络。（见图5-24）

（2）道路通常会沿着场地边界设置，因为这样线形的通道和场地的使用之间的相互影响会被减到最小，而且大片的面积能保留为连贯的单元。同时，场地的边缘也因从其侧边通过的道路而得到了加强。

（3）斜线道路对小尺度的场地非常不适宜，因为斜线划分出来的小尺度地块很难使用，空间形态具有不适宜的强迫性。如果斜线道路无法避免，最好进行道路调整，使之与边界正交。（见图5-25）

图5-24　道路等级和网络　　　　　　　　　　图5-25　斜线道路与边界的关系

2. 道路与空间形态

（1）圆形是唯一无方向性的空间形态，其他空间形态都具有一定的指向性，从而可以建立起明确和具有强调作用的道路路线。（见图5-26）

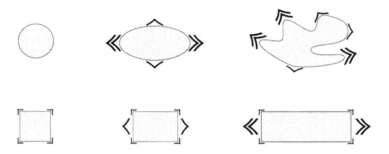

图5-26　不同形状具有不同程度的空间指向性

（2）道路线形应具有强烈方向性的空间，它会使道路的方向性和空间的方向性相互作用，共同加强；而线形与空间方向相对立的道路则不会产生这种引导作用。（见图5-27）

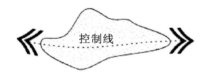  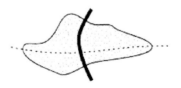

(a) 具有方向感的形状　　　(b) 加强空间方向感——道　　(c) 削弱空间方向感——道
　　　　　　　　　　　　　　路顺着空间主导方向　　　　　路与空间主导方向正交

图5-27　道路线形与空间方向

（3）当过长的空间被横穿的道路有力地切断时，其过长的感觉能被弱化。方向感弱的空间只能提供较弱的指引性，道路本身不得不强化引导。

图5-28（a）所示为理想路径（在大型空间里），该路径通过形心A、主导线B及最远点C。图5-28（b）所示的路径不如图5-28（a）所示的路径，但这仍然是一种划分出小尺度空间场地的有效方式；请读者观察图5-28（c）

所示的路径，该路径是否形成了离散的场地？主导线是在大的场地还是小的场地？图 5-28（d）所示为占绝对优势的统一的场地，沿着边界的路径具有强烈的方向感，道路在小空间中的独立是形成大面积开放空间的唯一条件。在图 5-28（e）中，道路平行于边界 A，然后向主要方向 B 延伸，很好地利用了主动引导，是一个不错的空间单元，尤其对于小地块。请读者分析图 5-28（f）所示的路径。

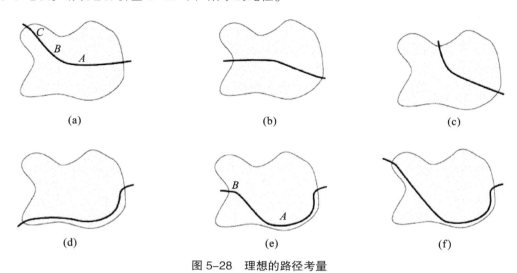

图 5-28　理想的路径考量

3. 道路节点空间设计

（1）过道和入口。道路与边界应该以适当的角度相交。如果道路需要旋转一定的方向后与边界相交，可以提前做适当的处理。（见图 5-29）

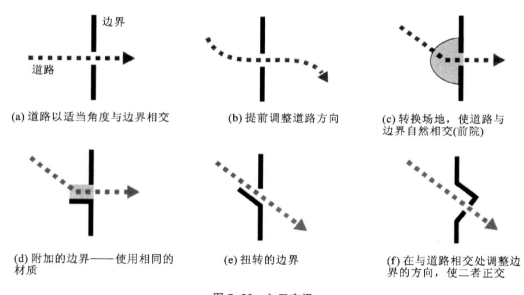

图 5-29　入口空间

（2）设置道路交接点的目的是要形成一个可供停顿的区域，而且要避开主要的活动流线。偏置就是一个可行的办法，它产生了可停顿的区域。（见图 5-30）

在图 5-30（a）中，放射性十字相交的通道也称作"涡轮"，在安静的区域设置了长凳，指示线联系了视线和后方的保护区；在图 5-30（b）中，延伸的交接点两侧设置了长凳和树木，虚线是主要运动的流线；在图 5-30（c）中，延伸的交接点设置了长凳，形成了安静的避风港；在图 5-30（d）中，延伸的交接点是很明显的休息区。

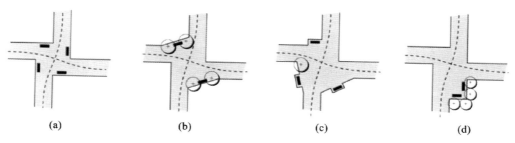

图 5-30　道路交接点

（3）不同宽度的通道的连接点，有更明确的方位指引，不同的形状区分出主要方向和次级通道，暗示了次要的可达目的地。（见图 5-31）

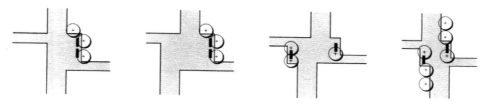

图 5-31　分等级的交叉口设计

（4）道路停顿区域是沿途的放大节点，将漫长的路径分成若干段，提供了沿途的休息区。停顿区域不是简单地贴在路边，应该是从道路的某些位置可以看见的。如果某些区域需要独立出来，应该将其明确地后退出来，并有自己独立的通道。（见图 5-32）

在图 5-32（a）中，停顿区域作为道路结合点，将漫长的路径打断；在图 5-32（b）中，路旁空地既不是道路的一部分，也没有真正独立，基本已经超出道路视线范围 30°～35°，为不推荐做法；在图 5-32（c）中，更好的做法是，独立的空间单元明确地与道路相分离，有单独的出入口，用途改变，比如儿童游戏场；在图 5-32（d）和图 5-32（e）中，路径转弯处的停顿区域，通过恰当的角度联系，使道路方向与运动方向相顺应，停顿区域就是道路的一部分，此做法是比图 5-32（b）更好的做法；在图 5-32（f）中，停顿区域位于曲线道路顶点，很明显是在视线范围以内，功能与图 5-32（d）、图 5-32（e）类似。

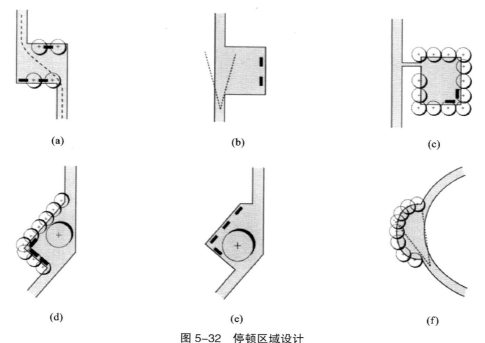

图 5-32　停顿区域设计

第三节
场地设计

一、场地设计的概念与案例

1. 场地设计的概念

场地设计是针对基地内建设项目的总平面设计，是依据建设项目的使用功能要求和规划设计条件，在基地内、外的现状条件和有关法规、规范的基础上，人为地组织与安排场地中各构成要素之间关系的活动。

场地设计可提高基地利用的科学性，使场地中的各要素，尤其是建筑物与其他要素形成一个有机整体，保证建设项目能合理、有序地被使用，发挥其经济效益和社会效益；同时，使建设项目与基地周围环境有机结合，产生良好的环境效益。（见图5-33和图5-34）

图5-33　现场检验围墙高度　　　　　　　　图5-34　验证后的结果

场地设计的目的是：正确组织场地各构成要素之间的关系。场地设计要求设计者在最初构思时就有一个整体的设想并且综合考虑经济、技术等的可行性。在设计过程中要考虑以下几个方面。

（1）整体的空间关系：场地设计是对建筑和环境的整体考虑，建筑与周边场地功能、景观环境应有良好的结合。

（2）整体的功能组织、合理布置流线：在场地设计中对不同功能的流线应有清晰的组织，将车流、人流及后勤服务等流线有效地布置在场地上。

（3）使用者引导：通过不同的空间环境，营造与建筑功能相适应的良好氛围，对使用者进行引导。

2. 场地设计的案例

（1）设计条件：某城市拟在某名人故居西侧修建艺术馆一座，用地北侧有一古塔，南侧为湖滨公园。（见图5-35）

（2）规划及设计要求：用地界线5 m以内不得布置建筑物和展场；在湖岸A、B两点间观看古塔无遮挡；应

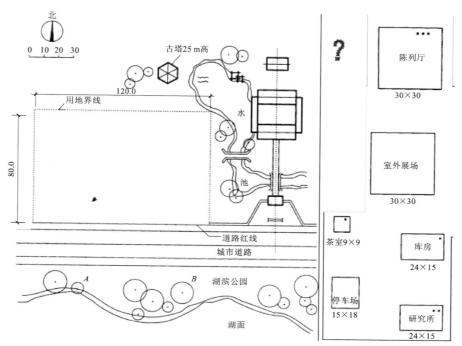

图 5-35　场地设计案例原型

满足艺术馆和名人故居 2 个景点连续参观的要求；结合环境，留出不小于 900 平方米做观众休息的集中绿地。

　　（3）任务要求：画出场地布置图，标明项目名称、场地主入口和集中绿地，不必画道路、广场。

　　图 5-36 所示为该案例合格的参考方案，图 5-37 所示为不合格的参考方案。

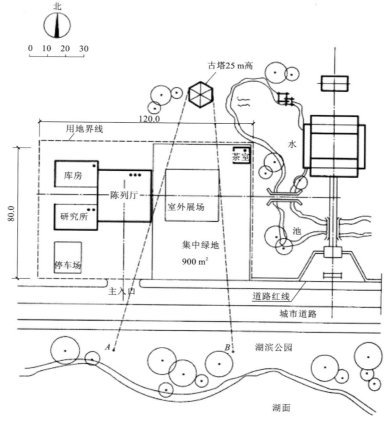

图 5-36　案例参考方案（合格）

在图 5-37 中，该方案不合格有两个原因：①新建的艺术馆未能与东侧已有的自然环境及名人故居融为一体，以便形成连续的空间组合及参观流线；②艺术馆自身的建筑组合，也因库房、研究所和停车场居中，而将陈列厅与室外展场分隔，导致功能分区混杂，参观路线不顺畅。

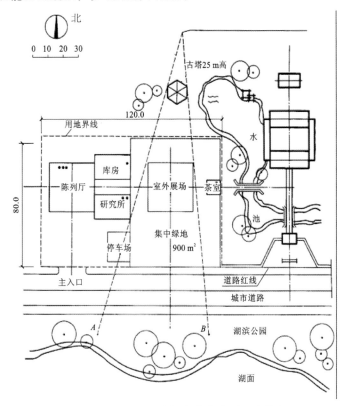

图 5-37 案例参考方案（不合格）

二、场地设计的方法

1. 分析场地

选定了场地以后，应该对场地及其环境有透彻的理解，包括远至天际线的周边环境。场地分析通常从对项目场地在地区图上的定位，以及对周边地区、邻近地区规划因素的粗略调查开始，所有内容组成了与建设项目相关的外围背景。（见图 5-38 和图 5-39）

2. 体验场地

设计师要在深刻理解场地的自然本性和外部环境后，绘制场地分析图——表述场地状况，设计师用自己的符号记下实地观测时得到的补充信息：

（1）认识到使用哪里对于场地是合适的，哪些能实现其全部的潜在价值；

（2）对该场地采用正确的利用方式，采用与景观特征有关的土地利用方式；

（3）确保这些土地利用方式能产生一个效率高、在视觉上有吸引力的景观格局；

（4）评判一个项目是否合适，是否造成场地本身及周围环境的不协调等。

图 5-40 所示为场地体验分析图。

3. 分析导则

（1）勾画出保护地的初步边界。

（2）勾画连接道路的车辆流动方向和相对容量，人行步道、自行车道、车行道的连接点。

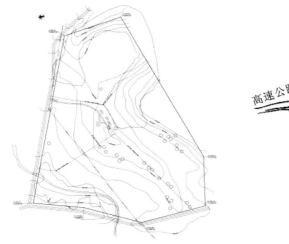

图 5-38 场地地形图

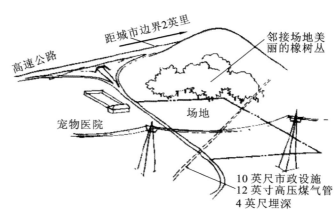

图 5-39 周边环境

（1 英里 =1609.344 米，1 英尺 =0.304 8 米，1 英寸 =0.025 4 米）

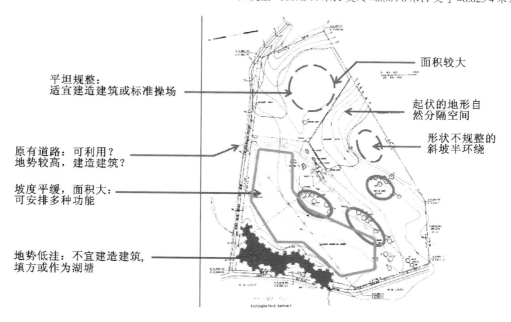

图 5-40 场地体验分析图

（3）勾画场地进出口的合理地点。

（4）勾画潜在的建筑物位置、用途分区及活动路线。

（5）区分最佳景致、欠佳景致和需要屏蔽的景致。

（6）勾画暴露区域及其附近地形，以及树木和建筑庇护区域。

在图 5-41 所示的草图的基础上进行设计，场地设计成果如图 5-42 所示。

三、设计工程技术措施

《全国民用建筑工程设计技术措施　规划·建筑·景观》的封面如图 5-43 所示。

1. 概念型内容

用地红线：规划主管部门批准的各类工程项目的用地界限。

道路红线：规划主管部门确定的各类城市道路路幅（含居住区级道路）用地界限。

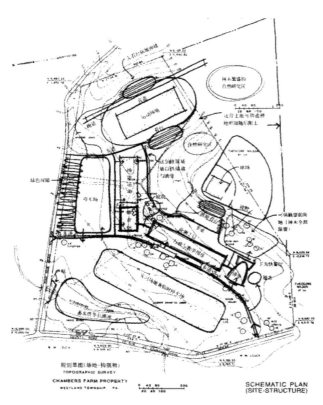

图 5-41　场地设计草图

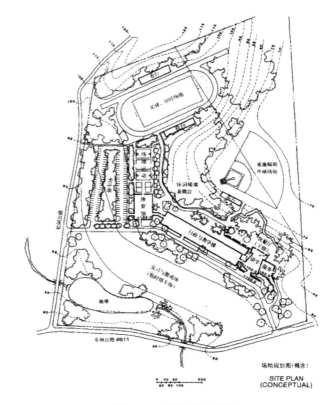

图 5-42　场地设计成果

图 5-43　《全国民用建筑工程设计技术措施　规划·
建筑·景观》封面

绿线：规划主管部门确定的各类绿地范围的控制线。

蓝线：规划主管部门确定的江、河、湖、水库、水渠、湿地等地表水体保护的控制界限。

紫线：国家和各级政府确定的历史建筑、历史文物保护的范围界限。

黄线：规划主管部门确定的必须控制的基础设施的用地界限。

建筑控制线是建筑物基底退后用地红线、道路红线、绿线、蓝线、紫线、黄线一定距离后的建筑基底位置不能超过的界限。退让距离及各类控制线管理规定应按当地规划主管部门的规定执行。

建设用地边界线：征地范围内实际可供场地用来建设使用区域的边界线，其围合的面积是用地范围。

道路红线是城市道路（含居住区级道路）用地的规划控制边界线，一般由城市规划管理部门在用地条件图中标明。

2. 数据型内容

基地机动车出入口位置（见图 5-44）应符合下列规定：

（1）与大中城市主干道交叉口的距离，自道路红线交叉点量起，应不小于 70 m；

（2）与人行横道线、人行过街天桥、人行地道的最边缘线的距离应不小于 5 m；

(3) 距地铁出入口、公共交通站台边缘应不小于 15 m；

(4) 距公园、学校、儿童及残疾人使用建筑的出入口应不小于 20 m；

(5) 当基地道路坡度大于 8% 时，应设缓冲段与城市道路连接；

(6) 与立体交叉口的距离或其他特殊情况，应符合当地城市规划管理部门的规定。

建筑控制线规范示例如图 5-45 所示。

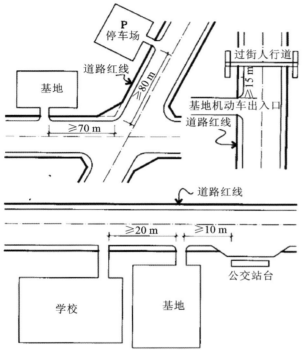

图 5-44　基地机动车出入口位置

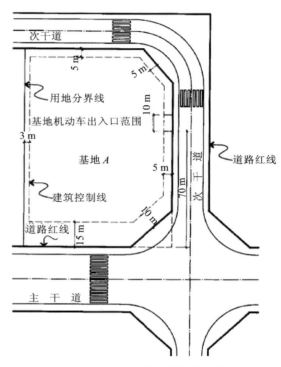

图 5-45　建筑控制线规范示例

基地道路宽度应符合下列规定：

(1) 单车道路宽度应不小于 4 m，双车道路宽度应不小于 7 m。

(2) 人行道路宽度应不小于 1.50 m。

(3) 在道路边设停车位时，应不影响有效通行宽度。

(4) 车行道路改变方向时，应满足车辆最小转弯半径要求；消防车道路应按消防车最小转弯半径（12 m）要求设置。

(5) 长度超过 35 m 的尽端式车行道路应设回车场。

(6) 供消防车使用的回车场应大于或等于 15 m×15 m，大型消防车的回车场应大于或等于 18 m×18 m。

3. 绿地专项型内容

绿地应包括公共绿地、宅旁绿地、公共服务设施所属绿地和道路绿地（即道路红线内的绿地），其中包括满足当地植树绿化覆土要求、方便居民出入的地下或半地下建筑的屋顶绿地，不包括屋顶、晒台的人工绿地。

绿化覆盖率：场地内植物的垂直投影面积占场地用地面积的百分比。

绿地率：场地内绿化用地总面积占场地用地面积的百分比。

绿化覆盖率和绿地率的区别：

绿化覆盖率是指植物冠幅的投影面积占场地用地面积的百分比，是描述城市下垫面状况的一项重要指标；绿地率是指用于绿化种植的土地面积（垂直投影面积）占城市用地面积的百分比，是描述城市用地构成的一项重要指标。一般绿化覆盖率高于绿地率并保持一定的差值。

 思考与训练

认真阅读工程技术措施和国家标准规范，根据设计图纸内容和基地场地分析，对设计内容进行审核。

第六章

景观竖向设计

JINGGUAN SHUXIANG SHEJI

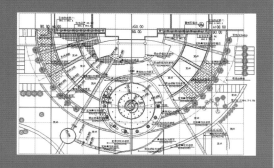

第一节
竖向设计基础知识

一、竖向设计的定义

一般来说，根据建设具体工程项目的使用功能要求，结合场地的自然地形特点、平面功能布局与施工技术条件，在研究建、构筑物及其他设施之间的高程关系的基础上，充分利用地形，减少工程填、挖土方量，因地制宜、合理地确定建筑、道路的竖向位置，合理地组织场地地面排水，并解决好场地内外按规划控制要求的高程衔接，对场地地面及建、构筑物等的高程（标高）做出的设计与安排，要达到功能合理、技术可行、造价经济和景观优美的要求，这些统称为场地竖向设计。

1. 竖向设计的主要任务

（1）选择建筑地坪的标高和广场等的标高及其连接关系。

（2）确定道路、建筑、场地、绿化及设施的标高和坡度。

（3）确定场地排水系统，保证地面排水通畅，不积水。

（4）确定场地平土标高，计算土石方填、挖工程量，力求填、挖总量最小，并接近平衡。

（5）合理布置竖向设计必要的工程设施（挡土墙、护坡等）和排水构筑物（排水沟、排洪沟、截洪沟等）。

2. 竖向设计涉及的国家法规

我国现行的相关规范与标准主要有《城市道路交通规划设计规范》《城市用地竖向规划规范》《防洪标准》《城市居住区规划设计规范》《室外排水设计规范》等。

3. 坡度的计算方法

坡度是通过比较水平距离（根据地图比例尺量取）和垂直升降（由等高距决定）来得出的。

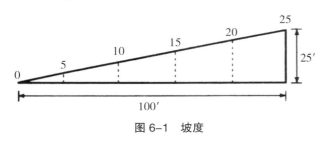

图 6-1 坡度

坡度由比例或坡度和百分数表示。由比例或坡度表示时，即每升高或降低 1 单位，相应的水平距离，也就是 $I : H = R$。I 是垂直距离，H 是水平距离，R 是比例或坡度。比例通常表示为 1：3、1：4 等。当表示成百分数时，分子是垂直距离，分母是水平距离，结果将是 33%、25% 等。（见图 6-1）

二、竖向设计的实施步骤

1. 收集和分析资料

（1）合适比例的地形图。

（2）地质、土壤、气象、水文资料。

（3）总体规划与市政建设及地上、地下管线资料。

2. 现场踏勘

设计人员亲临现场，修正、补充地形图的不足和变化，加深对现场的了解和印象，了解设计范围及周围环境。需注意的问题有湿陷、滑坡、塌方、膨胀性土。

湿陷——大孔隙黄土受水以后沉陷，受干以后向上凸起的现象。因此，湿陷具有破坏性。

滑坡——地表斜坡上大量的土石整体地向下滑动的自然现象。速度快的会产生巨响，并发出火花。滑坡对建筑物、公路、农田、森林会造成很大的破坏。

塌方——因地层结构不良、雨水冲刷或修筑上的缺陷，道路、堤坎等旁边的陡坡或坑道、隧道的顶部突然坍塌。

膨胀性土——吸水后，土壤颗粒发生膨胀。

3. 分析资料

（1）用地地形坡度的划分。

（2）找出分水与汇水线，确定汇水面积、理水和排水方向，找出冲沟、沼泽、溪、滩、危岩、滑坡、塌方等特殊地段，以便结合规划研究未用的工程措施。

（3）分析原有地形中可以利用、保留的风景资源（包括古树名木、文物古迹、特殊地形等）。

4. 绘制竖向设计图

（1）分析地形的基础条件，初步确定总平面方案，深入进行竖向高程设计。

（2）根据四周市政道路的高程资料，同时按地形、排水、交通要求，确定区内道路的坡度、坡长，定出主要控制点（交叉点、转折点、变坡点）的设计标高，并注意和四周市政道路高程的衔接。

（3）设计排水组织，确定地形的竖向处理，可以用设计等高线法或高程箭头法表达。

（4）根据地形、道路的设计高程，确定建筑室内地坪及室外场地的设计标高。

（5）计算土方工程量，如土方量过大，或挖，或填方不平衡，应调整竖向设计。

（6）进行细部处理，包括边坡、挡土墙、台阶、排水明沟等设计。

（7）施工时现场调整，修正竖向设计。

三、竖向设计的表示方法

1. 方格网法

方格网法是根据地形的大小及变化情况，选用恰当的方格网（边长为 20 ~ 40 m），具体落实到地形图上，用水准仪测出各角点的标高（或在地图上计算），连同设计标高和施工标高一起反映到图纸上的方法，多用于大面积的广场及场地平整。（见图 6-2）

2. 断面法

断面法是用一系列断面来表示地形特征的方法。主要程序是先拟订中心线，用水准仪测定中心线各特征点的标高；然后绘制纵断面，用不同的线条来表示原地形标高、设计地形标高和施工标高。这种方法常用于道路设计中，也可作为等高线法的辅助方法。（见图 6-3）

3. 标高点法

标高点法是在地形特征点上设桩，用水准仪或经纬仪测定每个桩的标高，连同设计标高（或施工标高）一起绘制于平面图上的方法，常作为等高线法的补充。

4. 等高线法

等高线法是指用等高线表示设计地面、道路、广场、停车场和绿地等的地形设计情况。等高线法一般用于平坦场地或室外场地要求较高的情况。采用等高线法表达地面设计标高清楚明了，能较完整地表达任何一块设计用

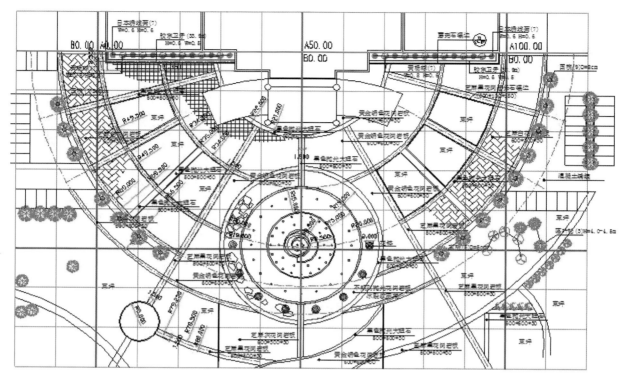

图 6-2　方格网法

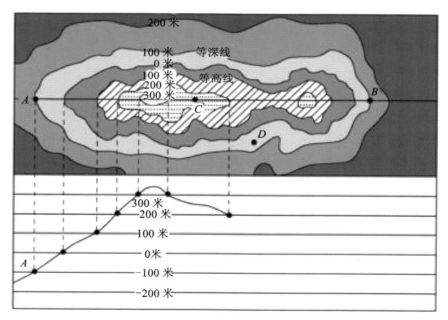

图 6-3　断面法

地的高程情况；不足之处是施工标高不能直接反映。该方法作为施工设计方法常常与方格网法相结合。（见图 6-4）

5. 高程箭头法

高程箭头法是一种简便易行的方法，即用设计标高点和箭头来表示地面控制点的标高、坡向及雨水流向，表示出建筑物、构筑物的室内外地坪标高，以及道路中心线、明沟的控制点和坡向，并标明变坡点之间的距离，必要时可绘制示意断面图。（见图 6-5）

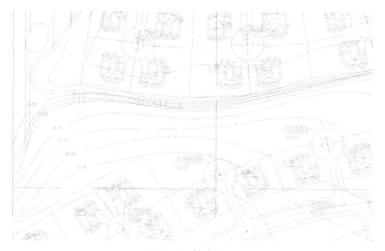

图6-4 等高线法

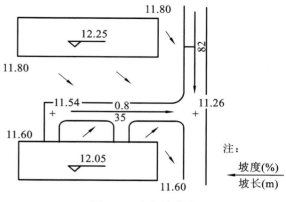

图6-5 高程箭头法

注：
$$\frac{坡度(\%)}{坡长(m)}$$

第二节

竖向设计应用

一、竖向设计的主要用途

(一) 分析坡地类型与特点

坡地类型如表6-1所示。

表6-1 坡地类型

类 别	数 值	特 点
平坡	小于3%	建筑、道路布置不受地形坡度的限制，可以随意安排。 坡度小于3%时应注意排水组织
缓坡	3%~10%	3%~5%的坡度地面，建筑宜平行于等高线或与之斜交布置，若垂直于等高线，其长度不超过50 m，否则需结合地形做错层、跌落等处理；非机动车道尽可能不垂直于等高线布置，机动车道则可随意选线。地形起伏可使建筑及环境绿地景观丰富多彩。 5%~10%的坡度地面，建筑最好平行于等高线或与之斜交布置。若与等高线垂直或大角度斜交，建筑需结合地形设计，做跌落、错层处理。机动车道需限制其坡长
中坡	10%~25%	建筑应结合地形设计，道路宜平行于等高线或与之斜交布置，迂回上坡。布置较大面积的平坦场地，填、挖土方量甚大。人行道与等高线做较大角度斜交布置，也需做台阶
陡坡、急坡	陡坡：25%~50% 急坡：50%以上	不宜大规模开发。山地城市用地紧张时才可使用，但建筑必须结合地形个别设计

（二）满足各项用地的使用要求

1. 室内、室外高差

建筑室内地坪与室外地面的高差为 0.45 ~ 0.60 m，允许在 0.30 ~ 0.90 m 的范围内变动。

当建筑内有进车道时，室内、室外高差一般为 0.15 m。

不同建筑类型要求的不同高差如表 6-2 所示。

表 6-2　不同建筑类型要求的不同高差

建　筑　类　型	最小高差 /m	建　筑　类　型	最小高差 /m
宿舍、住宅	0.15 ~ 0.45	学校、医院	0.60 ~ 0.90
办公楼	0.50 ~ 0.60	沉降明显的大型建筑物	0.30 ~ 0.60
一般工厂车间	0.15	重载仓库	0.30

注：在软弱土壤地区，最小高差宜取上限。

2. 道路

机动车道纵坡一般不大于 6%，最大坡度为 8%（山区城市局部坡度可达 12%）。

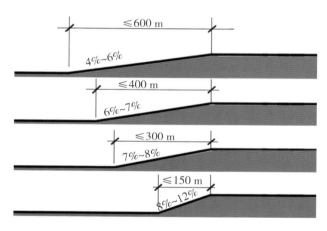

图 6-6　道路坡度与坡长关系

坡度超过 4% 时，必须限制坡长：坡度在 4% ~ 6% 时，坡长设计长度不大于 600 m；坡度在 6% ~ 7% 时，坡长设计长度不大于 400 m；坡度在 7% ~ 8% 时，坡长设计长度不大于 300 m；坡度在 8% ~ 12% 时，坡长设计长度不大于 150 m。

非机动车道纵坡不大于 2%，困难时可达 3%，但坡长应限制在 50 m 以内。

人行道纵坡宜不大于 5%，当大于 8% 时，行走费力，宜采用踏级。

道路坡度与坡长关系如图 6-6 所示。

3. 建筑物与道路

建筑物室外地面排水坡度宜为 1% ~ 3%，允许为 0.4% ~ 6%。

道路中心标高一般比建筑室内地坪低 0.25 m 以上。

道路不设平坡，最小纵坡为 0.3%。

建筑物之间的雨水排至道路，沿路缘石排入雨水口。

建筑与道路坡度关系如图 6-7 所示。

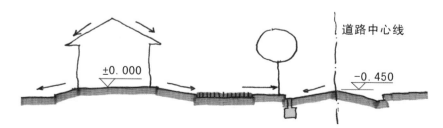

图 6-7　建筑与道路坡度关系

（三）保证场地良好的排水

1. 暗沟排水

（1）建筑物、构筑物较集中的场地。

（2）运输线路及地下管线较多、面积较大、地势平坦的地段。

（3）大部分屋面为内落水。

（4）道路低于建筑物标高，利用路面雨水口排水等。

2. 明沟排水

（1）建筑物、构筑物比较分散的场地。

（2）明沟排水坡度为 0.3%~0.5%，特殊困难地段可为 0.1%。

（3）场地排水最小坡度为 0.35%，最大坡度不大于 8%。

排水沟尺寸如图 6-8 所示。

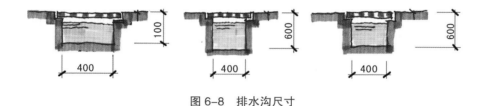

图 6-8　排水沟尺寸

二、设计地面与自然地面的连接

1. 平整土地

当土地不适于场地设计活动时，有必要进行重新改造，通过平整土地来改变地形。

平整土地有时很简单，就像工人用锄头和耙子平整一小块土地，再将剩余的土壤用车运走；有时也很复杂，需要推土机和大型卡车，才能推平整座山丘。

无论项目大小如何，平整土地主要有以下 4 个方面的原因。

（1）为构筑物、建筑物创造平坦的地形。

（2）为活动场地和设施创造平坦的地形，如停车场、车道、游泳池和运动场地等。

（3）为景观设计引进特殊的或改进的效果，如土地间狭道、树墙和池塘。

（4）通过更好的道路、斜坡、车道来改善交通流向的比例和方式。（见图 6-9）

图 6-9　平整土地

2. 挖方与填方

从坡地上清除一些土壤，这个平整过程为挖方。为坡地增加土壤的过程，称为填方。

地图上，挖方的表示方式：将实线转换成现有等高线的虚线，将等高线移向高一点的等高线方向。填方的表示方式：将实线转换成现有等高线的虚线，将等高线移向低一点的等高线方向。（见图6-10）

新平整好的土地需要稳固，以防止侵蚀。有价值的树木的根部在挖方和填方破坏前应保护起来。

挖方与填方剖面图如图6-11所示。

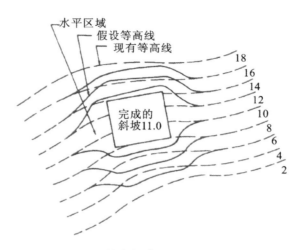

图6-10 挖方与填方平面图表示方式

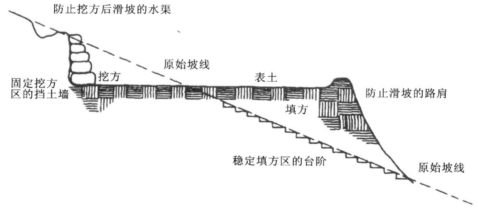

图6-11 挖方与填方剖面图

第七章

植物景观设计

ZHIWU JINGGUAN SHEJI

由于植物所具备的生长特性，景观的地域性自然而然地表现出来。植物景观设计是以空间构成手法为目的，展现城市空间的多样性的设计。其特点是体现绿地系统整体的主题设计概念。植物为三维空间的主要构成要素，具有大小、颜色、形状、质地（感觉）、造型等特征。植物的选定要展现植物的生长过程与气候的变化等。（见图 7-1）

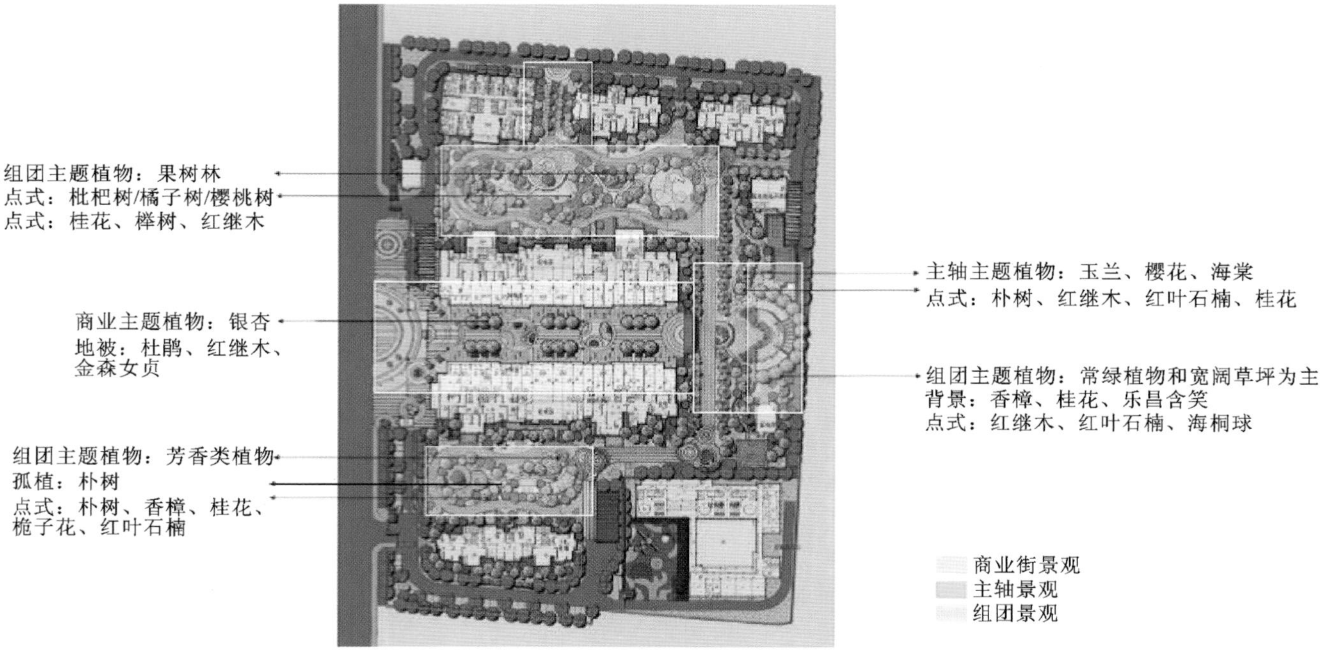

组团主题植物：果树林
点式：枇杷树/橘子树/樱桃树
点式：桂花、榉树、红继木

主轴主题植物：玉兰、樱花、海棠
点式：朴树、红继木、红叶石楠、桂花

商业主题植物：银杏
地被：杜鹃、红继木、金森女贞

组团主题植物：常绿植物和宽阔草坪为主
背景：香樟、桂花、乐昌含笑
点式：红继木、红叶石楠、海桐球

组团主题植物：芳香类植物
孤植：朴树
点式：朴树、香樟、桂花、栀子花、红叶石楠

商业街景观
主轴景观
组团景观

图 7-1　绿地系统的主题设计

第一节
植物景观设计基础

一、植物景观设计方法

1. 植物景观设计需要解决的问题

（1）选什么样的植物？

（2）选多大的植物？

（3）选多少植物？

（4）如何将植物搭配并布置到地面上？

（5）构成什么样的植物景观？

植物景观配置操作的基本流程就是如何有序地、规范地解决上述问题的过程。从结果来说，一般按照上面（1）～（5）的顺序进行；但从设计的实施过程来说，却是先解决第（5）个问题，然后解决（1）～（4）的问题。

2. 植物景观设计步骤

（1）根据平面布局图，进行植物景观类型的选择和布局，完成植物景观规划布局图、类型统计表、构成分析表。植物景观类型是植物群体配置在一起显现出来的外在表象类型，比如线状的行道林、灌木丛林、绿篱、地被等。植物景观布局首先是源于整体景观结构的布局，即确定设计区域的总体景观框架。

（2）依据景观类型、功能的需要进行空间及视线分析。比如哪些地方需要遮阴，哪些地方需要用密林阻挡外部视线或隔离噪声，林荫道路、广场遮阴等的选择，对景观的整体布局，景观线、景观点的安排，哪些视角需要软化，哪些地方需要增加色彩或层次的变化。（见图7-2）

（3）对各植物个体进行选择，根据场地的气候耐寒区、主要环境限制因子、植物类型等，与植物数据库进行配对搜寻，确定粗选的植物品种、大小、数量和位置。

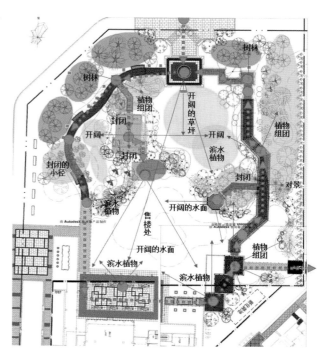

图7-2　植物景观视线分析

二、建立植物数据库

1. 按植物色彩分类

红色系、黄色系、白色系和紫色系植物分别如图7-3至图7-6所示。

图7-3　红色系植物　　　　　　　　图7-4　黄色系植物

图7-5　白色系植物　　　　　　　　图7-6　紫色系植物

2. 花坛景观植物搭配

花坛景观植物搭配示例如图 7-7 所示。

孔雀草

马齿牡丹

一串红

金边彩叶草

醉蝶花

孔雀草

蓝花鼠尾草

金边彩叶草

非洲凤仙花

醉蝶花

百日草

四季秋海棠

图 7-7　花坛景观植物搭配

3. 街道景观植物搭配

图 7-8 所示为常绿植物与落叶植物搭配，图 7-9 所示为不同色系植物搭配。

图 7-8　常绿植物与落叶植物搭配　　　　　　　　　图 7-9　不同色系植物搭配

4. 广场景观植物搭配

广场景观植物搭配示例如图 7-10 所示。

5. 公园景观植物搭配

公园景观植物搭配示例如图 7-11 所示。

图 7-10　广场景观植物搭配

图 7-11　公园景观植物搭配

第二节
植物景观空间设计

一、植物景观空间营造途径

1.形成"场"

一棵树的存在或一片树木的覆盖围成了空间，聚集了人群，这样就诞生了所谓的"场"的空间领域。场的形状和强度随着树木的配置与密度的不同而变化。（见图 7-12）

2. 指示方向

通过等距离连续种植树木、间隔前方空间等，来引导人们的行动路线、视线，控制人们的行动。（见图 7-13）

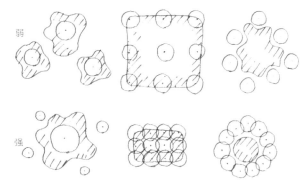

图 7-12　场的不同形式

图 7-13　沿途种植的树木形成城市的轴线

图 7-14　消除直线感的墙壁边缘的植栽

3. 遮挡边缘

纵面上用绿色覆盖背景，把视线导向建筑物等焦点；平面上把周围圈起来，用绿色覆盖棱角，产生柔和边缘的效果。（见图 7-14）

4. 诱导

通过在行进方向上产生逐渐向内缩小的空间，树木的连续性、日照的明暗等的变化，来引导步行者。如向内缩小的广场使人想向前走，沿着园路种植的林荫树表示通往小丘的另一侧，微暗的树木让人产生前往明亮目的地的期待感等。（见图 7-15）

5. 分隔

从地平面上切取空间或改变造型，用地界把地面分隔成小部分，形成风格迥异的空间。如，在随意的植栽中整形切割获得的空间，把平面分成几个"房间"，饰边分隔的地面植被等。（见图 7-16）

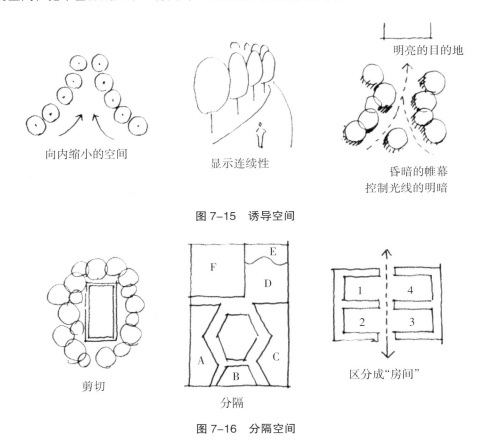

图 7-15　诱导空间

图 7-16　分隔空间

二、植物特性塑造空间

1. 色彩

每种植物在每个季节都有其独特的色彩效果。色彩设计选择要点如下。

（1）设计时应多考虑夏季和冬季的色彩，不应只依据花色或秋色叶，因为夏季和冬季占据了一年中的大部分时间。

（2）颜色的设计体现在基础色调、突出色调、混合色调等的组合上，不过在突出色调方面要注意量的平衡。绿色是在植物景观中占有突出地位的颜色，并有极大的范围。（见图7-17）

（3）谨慎使用特殊色彩植物（如青铜色、紫色或带杂色的植物等）。

（4）艳丽的花灌木或草花适合在特定区域内大面积成片布置。（见图7-18）

（5）根据场地功能选择植物色调。（见图7-19）

图7-17　植物色调平衡

图7-18　成片的草花

图7-19　功能决定色调

2. 树形

植物的形状可归纳为简图的形式。植物的生长习性决定了它的形状，即植物的树枝、树干、树冠、生长方向等。

乔木的形状有瓶状、柱状、球状等，灌木的形状有直立状、球状、不规则状，地被植物及草本植物构成了叶席状、开展状、地毯状。从个体植物到植物群植，形状上会有很大区别，关键是连续种植后看上去的效果如何，而不是一棵树给人的印象。（见图7-20）

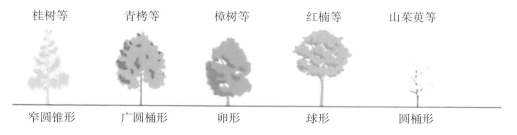

桂树等　　青栲等　　樟树等　　红楠等　　山茱萸等

窄圆锥形　　广圆桶形　　卵形　　球形　　圆桶形

图7-20　植物形状

在需要强调的位置栽种植物时，植物的品种、颜色、形状、大小等要与周围的环境相协调，并要有较大的观赏空间。这时，数量有限的几棵树，会产生意想不到的效果。

3. 植物质地

整株植物的质地取决于叶片、枝条的大小、形状及其排列，以及叶片表面的光润度等。植物质地主要分为粗质型、中质型、细质型。一般来讲，粗疏者宜近观，细密者宜远看。运用这一方法可以设计出有进深感的植栽。另外，植物叶片的质地可以分为纸质（如红绒球）、革质、薄革质、厚革质（如灰莉、小叶榕）、肉质（如仙人掌）。（见图7-21）

4. 尺度

在大型建筑物侧面种植树木，能使其周围环境更富于人性化。根据建筑物的大小及与人的距离，决定树木的大小，以起到相对平衡的作用。

由于城市中的建筑物一般都比较巨大，几乎在所有的场

图7-21　同一高度的灌木，单色彩和质感不同

图 7-22　沿园路列植

合，树木看上去都要比在苗圃时显得小很多。

5. 序列

移动路线与树木的关系分树木沿动线栽种和树木不沿动线栽种两种。树木沿动线栽种时，呈柱状排列，形成统一格调。（见图 7-22）

树木不沿动线栽种时，有以下栽种方法：在与动线垂直的方向上形成树木的层次，或者在角落部位配置一定数量的树木，强调动线上的视线变化等。（见图 7-23 和图 7-24）

6. 平衡

植物的种植应该使构图形成稳定的配置。欧美式的庭园大多采用以同样树木左右配置的对称形式，而东方庭园以自然风格见长。（见图 7-25 和图 7-26）

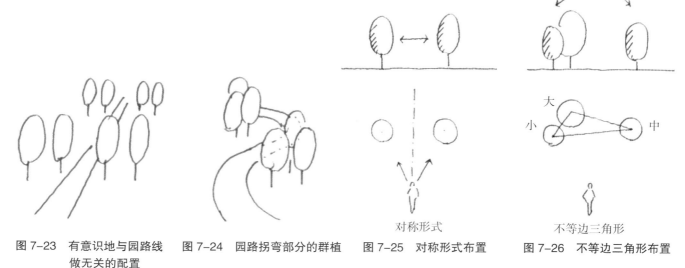

图 7-23　有意识地与园路线　　图 7-24　园路拐弯部分的群植　　图 7-25　对称形式布置　　图 7-26　不等边三角形布置
　　　　　做无关的配置

7. 树盖

树木能遮雨蔽日，守护我们头上的环境。种植高密度、多叶的同一树种，形成的树冠就是"屋顶"。把一棵棵单独种植的树木组合起来，它们的树冠形成了遮阳伞。根据配植方式的不同，它们能起着线路引导的作用或围成一定的绿色空间。（见图 7-27）

8. 地板

地板平面成为配置立体要素的基础，并与周围保持着空间的连续性。作为平面代表样式的草坪，为人们广泛利用，场合不同，其设置也不同。在草坪装饰下的地面造型，营造出空间、视觉上的变化，形态上有人工手法和自然手法。使用花、地被植物等覆盖地面，可获得与草坪不同的效果。（见图 7-28）

图 7-27　树冠遮阳伞　　　　　　图 7-28　草坪装饰下的地面

第三节
植物景观设计案例赏析

一、植物景观主题

平面构图、植物的色彩、小品的设置、小游园的主题等，都极力地烘托出浪漫的景观主题。

1. 图画般的平面构图

绿化多采用曲线的平面构图方式，水系、花卉带、步行道都通过科学的弧度计算排布，特别在低密度项目中尤为突出。高层项目往往以曲线的平面构图方式为主，在重要景观节点用富有规整元素的硬质空间做互补。（见图7-29）

2. 营造浪漫气息的主题园

利用周边自然环境设置森林走廊、森林河谷等景观概念的专属园林。在社区内部，布置香草丛林、薰衣草园等富有浪漫元素的主题园。主题园一般作为示范区的一部分提前展示，起到震撼的景观展示作用。

3. 曲径通幽的景观小径

弯曲的景观小径两旁的鲜花布置、硬质铺装与周围景观和谐相融，曲径通幽，营造出独有的私密感和温馨感。（见图7-30）

图7-29 曲线平面构图　　　　　　　图7-30 景观小径

4. 贴合主题的情景化小品

景观小品都经过了精心的设计和摆设，造型独具匠心，营造出很自然的情景化生活画面。同样造型的景观小品会在一些项目之间复制，但外在表现形式又不完全相同。

二、典型的景观配植方式

根据所在区域的不同，具体的景观配植方式可分为以下3种类型。

1. 别墅区间建筑周围与道路两侧的种植区域

此区域种植基本集中在各个住宅前，种植风格强调形态错落，乔木、灌木、草花、地被按层次分布。地被花卉以点缀为主，布置在灌木之前或之间，形成第一层次；修剪球形灌木做高低错落，组团为第二层次，构成绿色骨架；花灌木配植少量，但形态错落——球形冠与瘦长形冠搭配，彩叶与绿叶搭配，形成丰富的视觉效果；阔叶小乔木或大乔木每组里只有1~2株或没有，常绿乔木有1~3株。

从地被到小乔木层的自然式配植，叶形地被与修剪绿球交叉种植。（见图7-31）

1.圆冠阔叶大乔木
2.高冠阔叶大乔木
3.高塔形常绿乔木
4.低矮塔形常绿乔木
5.圆冠形常绿乔木
6.球类常绿灌木
7.修剪色带
8.小乔木
9.竖形灌木
10.团型灌木
11.可密植成片的灌木
12.普通花卉型地被
13.长叶型地被

图7-31　自然式配植

从大乔木到草花，标准的多层次配植，充分利用植物形态之间的差异，形成错落的变化。（见图7-32）

1.圆冠阔叶大乔木
2.高冠阔叶大乔木
3.高塔形常绿乔木
4.低矮塔形常绿乔木
5.圆冠形常绿乔木
6.球类常绿灌木
7.修剪色带
8.小乔木
9.竖形灌木
10.团型灌木
11.可密植成片的灌木
12.普通花卉型地被
13.长叶型地被

图7-32　多层次配植

在建筑边缘、墙角等处的植物处理：层次丰满，越狭窄处植物越密实，抱角处往往以铅笔柏配合花灌木来破除建筑的棱角感。（见图7-33）

不同形态的灌木组合样式——高圆相配，形成差异，较大量的整形绿球与少量点缀的地被花卉穿插组合的例子。（见图7-34）

疏密搭配的层次配植，局部（左侧）留出草坪，与组团植群形成开合对比。（见图7-35）

1.圆冠阔叶大乔木
2.高冠阔叶大乔木
3.高塔形常绿乔木
4.低矮塔形常绿乔木
5.圆冠形常绿乔木
6.球类常绿灌木
7.修剪色带
8.小乔木
9.竖形灌木
10.团型灌木
11.可密植成片的灌木
12.普通花卉型地被
13.长叶型地被

图 7-33　建筑边缘配植

1.圆冠阔叶大乔木
2.高冠阔叶大乔木
3.高塔形常绿乔木
4.低矮塔形常绿乔木
5.圆冠形常绿乔木
6.球类常绿灌木
7.修剪色带
8.小乔木
9.竖形灌木
10.团型灌木
11.可密植成片的灌木
12.普通花卉型地被
13.长叶型地被

图 7-34　灌木组合配植

1.圆冠阔叶大乔木
2.高冠阔叶大乔木
3.高塔形常绿乔木
4.低矮塔形常绿乔木
5.圆冠形常绿乔木
6.球类常绿灌木
7.修剪色带
8.小乔木
9.竖形灌木
10.团型灌木
11.可密植成片的灌木
12.普通花卉型地被
13.长叶型地被

图 7-35　疏密层次配植

典型的由低到高、层次分明的组合种植，地被呈线形排布，围绕在绿球外侧，形成组团边界，地被层植物之间跳动，形成色彩、形态的丰富变化。（见图7-36）

1.圆冠阔叶大乔木
2.高冠阔叶大乔木
3.高塔形常绿乔木
4.低矮塔形常绿乔木
5.圆冠形常绿乔木
6.球类常绿灌木
7.修剪色带
8.小乔木
9.竖形灌木
10.团型灌木
11.可密植成片的灌木
12.普通花卉型地被
13.长叶型地被

图7-36 典型的配植

2. 组团区建筑间绿地区域

此区域绿地面积较大，在组团种植时应当注意组团之间的开合变化，在密植组团之间留出相对较大的草坪面积。植物组团在不同位置的植株错落程度和组合方式不尽相同。

典型的绿地配植，但相对尺度较大，同种基调的灌木数量较大，与其他植物形成主次形态对比。地被和修剪绿球相对较少，在中间区域成片、成线种植，形态较简洁，在组团起始边缘处相对错落复杂，形成整体形态上的繁简对比。（见图7-37）

1.圆冠阔叶大乔木
2.高冠阔叶大乔木
3.高塔形常绿乔木
4.低矮塔形常绿乔木
5.圆冠形常绿乔木
6.球类常绿灌木
7.修剪色带
8.小乔木
9.竖形灌木
10.团型灌木
11.可密植成片的灌木
12.普通花卉型地被
13.长叶型地被

图7-37 典型绿地配植

楼间绿地沿用植物分隔，分隔手法为：修剪绿球与修剪色带共同组合成边界，球、灌木、草花等多用于入户路口边、园与园之间的分割线等处，形成疏密有致的变化节奏。（见图7-38）

1.圆冠阔叶大乔木
2.高冠阔叶大乔木
3.高塔形常绿乔木
4.低矮塔形常绿乔木
5.圆冠形常绿乔木
6.球类常绿灌木
7.修剪色带
8.小乔木
9.竖形灌木
10.团型灌木
11.可密植成片的灌木
12.普通花卉型地被
13.长叶型地被

图7-38　楼间绿地配植

在建筑物旁、道路转角处、景墙小品边缘、地下车库周围等处配植相应品种多、层次多、形态组合变化多样的植物，配植方法类似于别墅区。（见图7-39）

1.圆冠阔叶大乔木
2.高冠阔叶大乔木
3.高塔形常绿乔木
4.低矮塔形常绿乔木
5.圆冠形常绿乔木
6.球类常绿灌木
7.修剪色带
8.小乔木
9.竖形灌木
10.团型灌木
11.可密植成片的灌木
12.普通花卉型地被
13.长叶型地被

图7-39　建筑物旁绿地配植

3. 公共绿地区域

公共绿地景观相对较为粗放，以较大片的乔木、灌木组群交替形成开合的层次。（见图7-40）

1.圆冠阔叶大乔木
2.高冠阔叶大乔木
3.高塔形常绿乔木
4.低矮塔形常绿乔木
5.圆冠形常绿乔木
6.球类常绿灌木
7.修剪色带
8.小乔木
9.竖形灌木
10.团型灌木
11.可密植成片的灌木
12.普通花卉型地被
13.长叶型地被

图7-40　公共绿地配植

思考与训练

1. 对临近景观区域进行考察，将拍照场景中的植物进行标注，并绘制平面图，指示形态搭配方式。

2. 针对某处不理想景观区域进行改造和植物景观设计，画出平面图和效果图。

第八章

景观设计材料与施工图

JINGGUAN SHEJI CAILIAO YU SHIGONGTU

第一节
景观设计材料

一、路面基础知识

1. 路面等级

我国《公路工程技术标准》将路面按技术品质分为高级、次高级、中级和低级四种。各种路面的面层类型如下：

(1) 高级路面——沥青混凝土路面、水泥混凝土路面、厂拌沥青碎石路面、整齐石块或条石路面；

(2) 次高级路面——沥青贯入式碎、砾石路面，路拌沥青碎、砾石路面，沥青表面处治路面，半整齐石块路面；

(3) 中级路面——碎、砾石（级配或泥结）路面，不整齐石块路面，其他粒料路面；

(4) 低级路面——粒料加固土路面，其他当地材料加固或改善土路面。

2. 路面特性

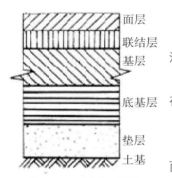

图 8-1 路面结构图

路面按其力学特征可以分为：

(1) 刚性路面：在行车荷载作用下能产生板体作用，具有较高的抗弯强度，如水泥混凝土路面。

(2) 柔性路面：抗弯强度较小，主要靠抗压强度和抗剪强度抵抗行车荷载作用，在重复荷载作用下会产生残余变形，如沥青路面、碎石路面等。

3. 路面结构

路面结构根据设计要求和就地取材的原则，可用不同材料分层铺筑。中、低级路面结构包括面层、基层和垫层，高级路面结构包括面层、联结层、基层、底基层、垫层。（见图 8-1）

二、常见路面材料种类

1. 沥青路面

沥青路面是在矿质材料中掺入路用沥青材料铺筑的各种类型的路面。沥青结合料提高了铺路用粒料抵抗行车和自然因素对路面损害的能力，使路面平整少尘、不透水、经久耐用。沥青路面是道路建设中一种被广泛采用的高级路面（包括次高级路面）。（见图 8-2 和图 8-3）

2. 水洗小砾石路面

水洗小砾石路面是在浇筑预制混凝土之后，待其凝固到一定程度（24 小时左右）后，用刷子将表面刷光，再用水冲刷，直至砾石均匀露明。混凝土厚度一般为 100 mm。可以多种颜色的小砾石配色或利用不同粒径的小砾石来铺设。小砾石的颜色主要有米黄色、红色、褐色、黄色等。（见图 8-4 和图 8-5）

3. 混凝土路面

混凝土路面是指以水泥混凝土板作为面层，下设基层、垫层所组成的路面，又称刚性路面。（见图 8-6）

图 8-2　沥青路面停车场

图 8-3　彩色沥青步道

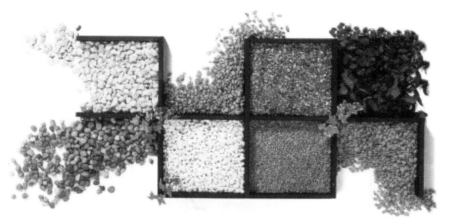

图 8-4　砾石种类

图 8-5　水洗小砾石路面

　　压膜混凝土路面是指用预制好的各种图案模具，现场制作具有特殊纹理和效果的混凝土铺装。压膜混凝土由于比较容易褪色，因此主要用于人行道。（见图 8-7）

图 8-6　混凝土路面

图 8-7　压膜混凝土步道

图 8-8　砌块路面

4. 砌块路面

砌块路面因具有防滑、步行舒适、施工简单、修整容易、价格低廉等优点，常被用作人行道、广场、车道等多种场所的路面。此种路面的标准结构有两种：其一是有车辆通行的场所所使用的 80 mm 厚的路面，其二是人行道使用的 60 mm 厚的路面。基底层为未筛碎石或级配碎石，其上铺设透水层，再铺筑粗砂，最后面层铺装预制砌块。（见图 8-8）

5. 渗水铺地砖

渗水型地面能有效保持原土水分，利于小区绿化。渗水铺地砖是一种高承载力、超强连锁、生态环保型地砖。地表水可从填以渗水骨料、分布均匀的渗水孔直接渗入地下，利于环境生态，方便行人行车，无须配套排水设施。（见图 8-9）

6. 石料路面

石料路面是在混凝土垫层上再铺砌天然石料而形成的路面，利用天然石料不同的品质、颜色、石料饰面及铺砌方法组合出各种形式。通常用花岗石，其次用板岩、石英石、青石等。路面铺成后再做打磨等防滑处理。面层处理方法有很多，如拉道面层、机刨面层、剁斧面层、粗琢面层、锯齿面层、细凿面层、水磨面层和蘑菇面层等。（见图 8-10）

图 8-9　渗水铺地砖路面

图 8-10　花岗岩路面

车道、广场、人行道等路面常用小料石铺装。由于路面所用石料为正方形，如骰子状，所以该路面又称骰石路面。铺装材料一般采用白色花岗岩系列。（见图 8-11）

7. 植草砖

植草混凝土路面砖，简称植草砖，在部分住宅区内的次要宅前小道上点缀与应用，既增加了宅地泛绿面积和居家小型车辆的停泊面积，又满足了城市宅基地集约化的基本要求。（见图 8-12）

图 8-11　小料石路面

图 8-12　植草砖停车场

8. 木屑路面

木屑路面是利用针叶树树皮、木屑等铺成的，其质感、弹性均好，并使木材得到了有效利用，一般用于散步道、步行街等。（见图 8-13）

9. 安全胶垫

安全胶垫可减轻使用者从高处坠下而造成的伤害，物理性高，环保，容易清洁且排水性好，适合铺设于户内、外的地面，是保证孩子安全的最佳地垫。（见图 8-14）

图 8-13　木屑路面

图 8-14　儿童活动区安全胶垫

10. 路缘石

路缘石是铺设在路面边缘的界石，简称缘石。它是设置在路面边缘与其他构造带分界的条石。路缘石因为能形成落差，像悬崖，所以也叫道崖。路缘石的尺寸通常是 99 cm×15 cm×15 cm，一般高出路面 10 cm。另外，与路缘石相似的路牙和平石，是指用凿打成的长条形的石材、混凝土预制的长条形砌块或砖，它们可铺装在道路边缘，起保护路面的作用。

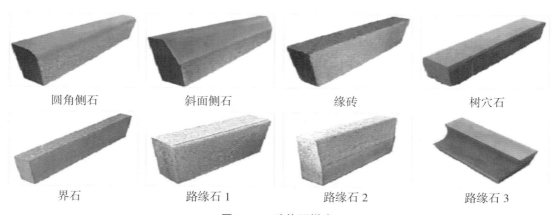

圆角侧石　　　斜面侧石　　　缘砖　　　树穴石

界石　　　路缘石 1　　　路缘石 2　　　路缘石 3

图 8-15　路缘石样式

11. 边沟与排水槽材料

边沟是为汇集和排除路面、路肩及边坡的流水而在路基两侧设置的水沟。边沟设置于挖方地段和填土高度小于边沟深度的填方路段，可分为 L 形边沟、梯形边沟、碟形边沟、三角形边沟、矩形边沟和 U 形边沟，又可分为明沟和加设盖板的暗沟等。

现在常用的缝隙式排水槽，是在铺装表面上形成的排水效率高且不易被察觉的线性排水沟。这种排水槽最大的优点是不影响地面铺装的美观效果，特别适合于广场和步行区域。（见图 8-16 和图 8-17）

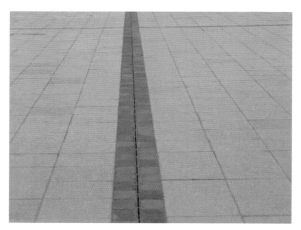

图 8-16　缝隙式排水槽路面　　　　　　　图 8-17　缝隙式排水槽工艺

三、其他景观材料种类

1. 瓦板

天然瓦板是板岩层状片的极致，仅有几个毫米的厚度，轻薄而坚韧。把多种规格的瓦板做形式多变的排列或叠加，可使屋面更富立体感，多种色彩组合可使建筑具有生命力。（见图 8-18）

2. 炭化木与防腐木

炭化木是在缺氧的环境中，经过 180 ℃到 250 ℃热处理而获得的具有尺寸稳定、耐腐蚀等性能的木材。防腐木是一种经过特殊防腐处理后，具有防腐烂、防白蚁、防真菌等功效的木材。防腐木专门用于户外环境的露天木地板，并且可以直接用于与水面、土壤接触的环境中，是户外木地板、园林景观地板、户外木平台、露台地板、户外木栈道及其他室外防腐木凉棚的首选材料。（见图 8-19 和图 8-20）

图 8-18　瓦板

图 8-19　炭化木　　　　　　　　　图 8-20　户外木栈道

3. 文化石——锈板

锈板属于板岩的一种，用作文化石，也用作铺路石。锈板有粉锈、水锈、玉锈等类型，色彩绚丽，图案多变。（见图 8-21）

4. 挡土墙材料

挡土墙是抵挡土压力、防止土体塌滑的建筑物。常见的挡土墙有重力式、悬臂式、扶壁式、空箱式和板桩式等。根据所使用材料的不同，挡土墙有混凝土挡土墙、锥形石挡土墙、石砌挡土墙（见图8-22）和毛面花岗石挡土墙等。

5. 塑木

塑木是用天然纤维素与热塑性塑料经过混合搭配而成的复合材料，用它可以达到仿照木材的效果。塑木材料的颜色可以根据需要来调整。（见图8-23）

图 8-21　文化石——锈板　　　　　　图 8-22　石砌挡土墙　　　　　　图 8-23　塑木材料小品

6. 不锈钢板

不锈钢板表面光洁，有较高的塑性、韧性和机械强度，耐酸、碱性气体、溶液和其他介质的腐蚀。它是一种不容易生锈的合金钢，但不是绝对不生锈。（见图8-24）

7. 耐候钢

耐候钢是耐大气腐蚀的钢，是介于普通钢和不锈钢之间的低合金钢系列。耐候钢由普通碳素钢添加少量铜、镍等耐腐蚀元素而成，具有优质钢的强韧、塑延、成形、焊割、磨蚀、高温、抗疲劳等特性。（见图8-25）

图 8-24　不锈钢板样式

8. 穿孔金属板

穿孔金属板由金属碳钢和不锈钢组成。穿孔金属板是金属材料中最好的通风、装饰和保护结构。这种穿孔金属板具有良好的强度与重量的比例。孔有圆孔、方孔、棱形孔、三角形孔、五角星孔、长圆孔等。（见图8-26）

图 8-25　耐候钢步道　　　　　　　　图 8-26　穿孔金属板屋顶

第二节 景观设计施工图纸编制

景观设计方案经过扩初设计后，各方面的细节都已经确定，接着要用图纸将其详尽地绘制出来。在施工图中应准确地绘制各个部分的尺寸，并且标明所用的材料及其规格和颜色，以及采用的施工工艺，将其作为实际施工的依据。高程以米为单位，要写到小数点后两位。施工图尺寸除特殊标注外，均以毫米为单位。

施工图绘制完毕后，设计师需要与甲方、承建单位、规划及建筑设计单位、监理单位进行技术交底，并协助甲方解决施工中遇到的问题和参与相关工程的验收工作，完成相关手续。

一、景观设计施工图纸的组成

完整的景观设计施工图纸文件包括封面、扉页、图纸目录、设计说明（施工说明）、设计图纸、设计概算书、封底等。其中，设计图纸包括施工总平面图、施工放线图、竖向设计施工图、植物配置施工图、照明电气施工图、喷灌施工图、给排水施工图、景观小品施工详图和铺装施工图等。

设计概算书包括设计概预算、主要材料清单、主要配套产品清单等。

施工图的设计深度应满足以下要求：

（1）能够根据施工图编制施工预算。

（2）能够根据施工图安排材料、设备订货及非标准材料的加工。

（3）能够根据施工图进行施工和安装。

（4）能够根据施工图进行工程验收。

图纸目录 共1页 第1页

工程名称：[illegible]广场改造设计

设计号：

图别：

日期：2015.05.23

图纸编号		图纸名称	张次	图幅	图号	备注
		封面				
	1	设计说明一	1	A1		
	2	总平面图	1	A1	Z-01	
	3	总平面铺装材料图	1	A1	Z-02	
	4	总平面尺寸标注图	1	A1	Z-03	
	5	总平面竖向设计图	1	A1	Z-04	
	6	总平面网格定位图	1	A1	Z-05	
	7	总平面分区索引图	1	A1	Z-06	
	8	总平面索引图	1	A1	Z-07	
	9	博物馆定位详图	1	A1	Y-01	
	10	广场核心区定位详图	1	A1	Y-02	
	11	停车场及景观石定位详图	1	A1+++	Y-03	
	12	纪念碑广场定位详图	1	A1	Y-04	
	13	景观石形象广场定位详图	1	A1	Y-05	
	14	滨水景观台一定位详图	1	A1	Y-06	
	15	小型雕塑与四角亭定位详图	1	A1	Y-07	
	16	滨水观景台二定位详图	1	A1	Y-08	
	17	滨水观景台三定位详图	1	A1	Y-09	
	18	售卖亭与文化墙定位详图	1	A1	Y-10	
	19	铺装剖面详图	1	A1	Y-11	
	20	历史文化长廊、凉亭详图	1	A1	Y-12	
	21	雕塑基台、文化墙、木栈道、索桥柱、售卖亭立面详图	1	A1	Y-13	
	22	售卖亭详图	1	A1	Y-14	
	23	卫生间详图	1	A1	Y-15	
	24	卫生间详图	1	A1	Y-16	
	25	卫生间详图、景观石、指示牌详图	1	A1	Y-17	
	26	植物设计说明	1	A1		
	27	总平植物配置图	1	A1	P-01	
	28	总平乔木种植图	1	A1	P-02	
	29	总平灌木种植图	1	A1	P-03	
	30	总平地被种植图	1	A1	P-04	
	31	苗木配置表	1	A1	P-05	
	32	排水布置意向	1	A1	W-01	
	33	给水布置意向	1	A1	W-02	
	34	景观照明平面图	1	A1	W-03	
	35	服务设施及小品意向图	1	A1	S-01	
	36	景观灯、指示牌、铺装意向图	1	A1	S-02	
	37	植物意向图	1	A1	S-03	

图 8-27　图纸目录

二、景观设计施工图纸的表达

1. 封面和扉页

封面一般包括项目名称、建设单位、施工单位、编制日期和项目编号等。扉页应写明编制组织的责任人、技术总负责人、项目总负责人和各专业负责人的姓名、专业技术名称和级别，并经上述人员签署或授权签章。

2. 图纸目录

图纸目录按照设计文件的内容顺序编写，一般为表格形式，要标明文字或图纸的名称、图别、图号、图幅、基本内容、张数。

图纸编号以专业为单位，各专业各自编排图号，基本按照以下专业进行图纸编号：园林、建筑、结构、给排水、电气、材料附图等。（见图 8-27）

3. 施工设计说明

施工设计说明一般包括项目情况介绍、项目背景、设计理念、设计要求等，针对整个工程需要说明的问题展开，如设计依据、采用的标准图集及依据的法律规范、施工工艺、材料数量、规格、经济技术指标及其他要求。（见图 8–28）

河南台前黄河将军渡广场改造工程

设 计 说 明

一、工程名称：河南台前黄河将军渡广场工程

二、项目概况：红线内用地面积：约 33 000 平方米

其中：硬质约 11 000 平方米

绿化约 13 000 平方米

其他约 9000 平方米

景观设计范围包括工程园建、绿化及相关给排水设施布局、基本照明设施布局。

三、设计依据：

1.甲方通过的设计方案、甲方提供的建筑规划总平面图和建筑平面图。

2.国家及地方现行的有关规范、标准等。

四、标高：

根据甲方要求，以广场地面为参考依据，本套施工图根据实际道路及景观规划的要求进行相对标高竖向设计。实际施工时，必须进行现场实测，核实与图纸设计无误后方可进行施工。

五、设计总则：

1.除特别说明外，本工程施工图所标尺寸除标高以米（m）为单位外，其余均以毫米（mm）为单位。

2.施工图中的平、立、剖面及节点详图等，在使用时应尽量以图中所标注尺寸为准，如出现缺少或比例有误的尺寸标注，再以图中标注比例量度测算。

3.所有与设备有关的管线、预埋件等，必须与相关的设备工种图纸密切配合。施工过程中注意对地下管线的保护，不得野蛮施工。围墙基础最好进行加固，便于安装防护栏和其他景观设施。

六、场地坡度：

根据甲方要求，以广场地面为参考依据，本套施工图根据实际道路及景观规划的要求进行相对标高竖向设计。施工前，必须核实现场实际情况，清理杂物后再放线。各道路的具体设计坡度依据为：

1.大块硬地的排水坡度为 0.5%~1%，绿地采用自然排水。

2.按照原来地形走向进行堆坡，均须根据实际情况严格按不得低于 3%的排水坡度调坡，起坡绿地依据图中标高成坡，坡形曲线应自然流畅。

3.绿地种植土的标高在距所有道路和地面边缘 200 m 范围内，均控制其低于道路或地面标高 60 m。

4.所有汀步步石、园路均随标高和现场地形变化自然调坡。

七、地面做法：

广场的主要铺装材料有水泥砖、花岗岩、广场砖等。其中，花岗岩用于主体道路铺装。

各硬质铺地，如图纸提供了基层做法，则以图纸为准，否则就以下面提供的做法施工：

1.广场主体道路铺装：	2.广场车行道铺装：
600*900*30 火烧面灰麻花岗岩	600*600*60 火烧面灰麻花岗岩
50 厚 1：3 干硬性水泥砂浆	30 厚 1：3 干硬性水泥砂浆
100 厚 C25 混凝土	200 厚 C25 混凝土
150 厚密实碎石	350 厚密实碎石（200 厚级配碎石 150 厚湿铺块碎石）
分层素土夯实（密实度 >92%）	分层素土夯实（密实度 >92%）

3.板材贴面做法：平铺做法所用水泥砂浆为 20 或 30 厚 1：3 干硬性水泥砂浆；

立面做法采用 20 厚 1：3 水泥砂浆找平，刷素水泥浆一遍。

八、金属结构：

1.按设计规格及厂家资料施工。

2.自动焊和半自动焊时采用 H08A 和 H08MnA 焊丝，其力学性能符合 GB/T 5117–2012 的规定。

3.焊接型钢应遵守相关的规范，焊缝高度不小于 6 mm，长度均为满焊。

4.钢筋：①为 HPB235，②为 HRB335，钢材：Q235–B。

5.所有外露钢、铁件刷防锈漆两道（安装前一道），露明焊缝均须锉平磨光，面漆详见单体图纸标注说明。

九、其他：

1.本项目中的艺术小品样式要由设计方和甲方确认后方可实施安装，由甲方供应。

2.绿化施工必须严格按种植表进行采购，乔木种植后须绑扎，大型乔木须支架，并做好后期的绿化护理工作。

3.对于部分异形、需特殊加工的材料，需在现场放样核实后做样板段，经业主和设计人员认可后方可大面积施工。

4.本工程关键部分用材（如木材、水洗小砾石、花岗岩、油漆等）的规格，细部尺寸加工和材料质量等的要求，均须经设计单位、施工单位、安装单位三方共同协调确定，所有选用产品均应由国家或地方有关部门鉴定或具有准用文件，以确保工程质量。

5.工程必须严格遵守各项验收规范，各施工单位应密切配合。施工前先要全面了解有关工种设计图纸内容、要求等。若发现设计图纸存在错、漏、碰、缺等问题，应及时与甲方和设计单位联系，并协助改正，以保证工程进展和安装质量。

图 8–28　施工设计说明

4. 施工总平面图

以详细尺寸或坐标标明各类园林植物的种植位置，构筑物、地下管线的位置、外轮廓。为了减少误差，平整形式物体的平面要注明轴线与现状的关系；对于无法用标注尺寸准确定位的自由曲线园路、广场、水体等，应给出该部分的局部放线详图，用放线网表示，并标注控制点坐标。（见图 8–29）

5. 施工放线图

图纸的主要作用是在施工现场指导施工放线、确定施工标高和测算工程量、计算施工图预算。采用间距为 1 米或 5 米或 10 米不等的放线网格进行定位，标明坐标原点、坐标轴、主要点的相对坐标，标注标高（等高线、铺装等）。（见图 8–30）

6. 竖向设计施工图

竖向设计施工图的主要内容是：现状与原地形标高、地形等高线。当地形较为复杂时，需要绘制地形等高线放样网格、最高点或者某些特殊点的坐标及该点的标高、地形的汇水线和分水线，或用坡向箭头标明设计地面坡向、指明地表排水的方向、标注排水的坡度等。（见图 8–31）

7. 植物配置施工图

在图上按实际距离尺寸标注各种园林植物的品种、数量，标明与周围固定构筑物和地上、地下管线的距离尺寸和绘制施工放线的依据。（见图 8–32）

苗木表标明植物种类或品种、规格、胸径（以厘米为单位）、价格和数量。（见图 8–33）

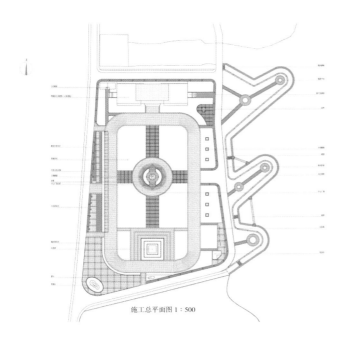

图 8-29　施工总平面图

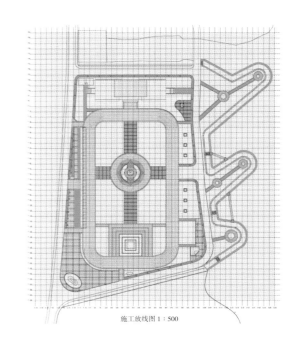

图 8-30　施工放线图

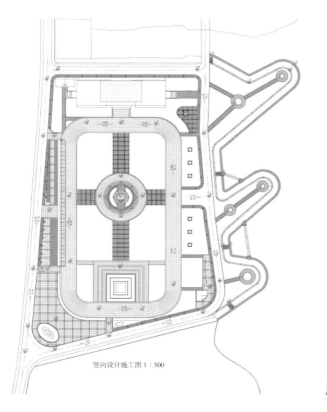

图 8-31　竖向设计施工图

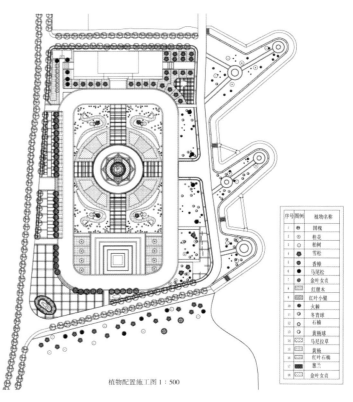

图 8-32　植物配置施工图

8. 局部放大施工放线图

　　局部放大施工放线图主要标明路面总宽度及细部尺寸，标明与周围构筑物的距离尺寸及对应标高、路面及广场高程、路面纵向坡度、路中标高、广场中心及四周标高、排水方向、雨水口位置、雨水口详图，或注明标准图索引号。局部放大施工放线图重点绘制结合部、路面花纹和做法说明。（见图 8-34）

序号 NO.	图例 EX	拉丁名称 Latin Name	植物名称 Planting Name	规格(cm) Specification Requirement			价格 Price	数量 Quantity	备注
				胸径	蓬径	高度			
1		Chinese scholar tree	国槐	5~10	400~500	300~500	680/棵	170棵	
2		Osm Osmanthus fragrans	桂花	5~10	80~150	400~450	400/棵	20棵	全冠移植或已为造型
3		Cupressusrnar	柏树	8	400~500	400~500	800/棵	20棵	
4		Cedrus	雪松	5~10	400~500	200~300	500/棵	50棵	
5		Cinnamomum camphora (L.) Presl	香樟	5~10	500~600	200~300	300/棵	35棵	
6		Pinus massoniana Lamb	马尾松	5~10	400~500	600/棵		15棵	
7		Ligustrum × vicaryi Hort	金叶女贞		40~60	40~50	80/株	120株	全冠移植
8		Loropetalum chinense var. rubrum	红继木			40~50	632/株		全冠移植
9		Berberis thunbergii var. atropurpurea Chenault	红叶小蘗			40~50	15/株	85m²	全冠移植
10		Pyracantha fortuneana (Maxim.) Li	火棘		80~100	80	20/株	75株	全冠移植
11		Ilex crenata cv. Convexa Makino	冬青球		80~100	30~40	40/株	72株	全冠移植
12		Photinia serrulata Lindl	石楠		40~60	60	25/株	35株	全冠移植
13		Buxus sinica	黄杨球		40~60	60	24/株	56株	全冠移植
14		Zoysia matrella	马尼拉草			5~10	7/m²	10832m²	开设小花园内主场地主要种植满铺
15		Buxus sinica	黄杨			40~60	25/株/m²	1800m²	全冠移植
16		Photinia serrulata Lindl	红叶石楠			40~60	25/株/m²	1046m²	全冠移植
17		Impatiens candida	喜兰			40~60		71m²	全冠移植
18		Ligustrum × vicaryi Hort	金叶女贞			40~60	25/株/m²	428m²	全冠移植

注明：1.如遇到植物图表中植物数量与图纸上植物数量不符，请以图纸上植物数量为准。
2.以上植物规格为修剪后的种植要求，修剪前需由该项目设计师确认后方可验收。
3.地被植物边要用细叶沿阶草进行收边，收边范围：≥200 mm。
4.为提高植被成活率，种植土可掺入部分腐植土，一般可掺入1/3腐植土。
观花植物种植区域每平方米需撒腐熟饼肥500克，乔木定植前追加复合颗粒肥做基肥。
5.所有植物须按实际苗木规格挐移栽。灌木及地被植物必须达到规格要求。
6.地被与草坪交界线需切割整齐，草坪铺设时，在草床上铺设3 cm厚河沙，铺设后用滚筒碾平，平整度应不小于1 cm。

图 8-33 苗木表

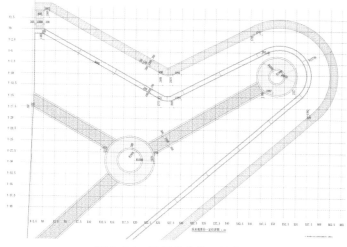

图 8-34 局部放大施工放线图

9. 照明电气施工图

照明电气施工图的主要内容是灯具形式、类型、规格、布置位置，配电图标明电缆、电线型号、规格、连接方式，配电箱数量、形式、规格等。（见图 8-35）

10. 喷灌、给排水施工图

喷灌、给排水施工图的主要内容是给水、排水管的布设、管径、材料等，喷头、检查井、阀门井、排水井、泵房等的设置，与城市供电设施的结合等。（见图 8-36）

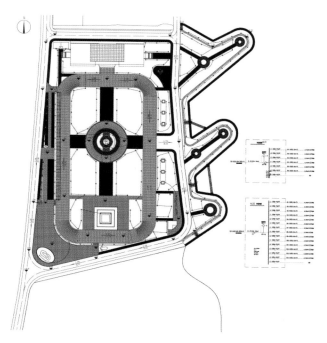

图 8-35 照明电气施工图

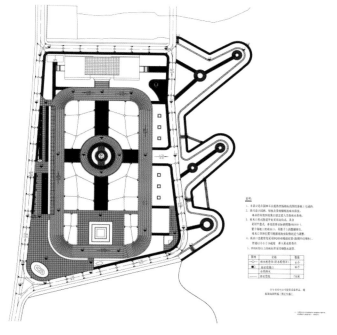

图 8-36 喷灌、给排水施工图

11. 景观小品施工详图

景观小品施工详图的主要内容是景观小品的平面、立面、剖面（材料、尺寸），结构，配筋等，以及景观小品的材料及其规格等。（见图 8-37）

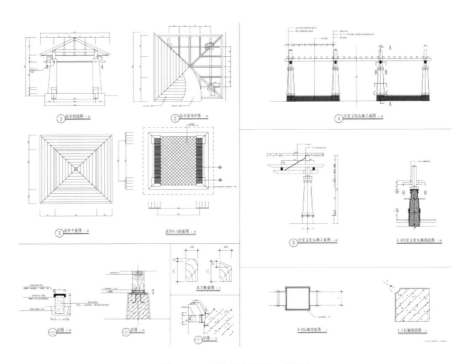

图 8-37　景观小品施工详图

12. 铺装施工图

铺装施工图的主要内容是地面和墙面铺装图案、尺寸、材料、规格、拼接方式，绘制铺装剖切段面，标明铺装材料和特殊说明。（见图 8-38）

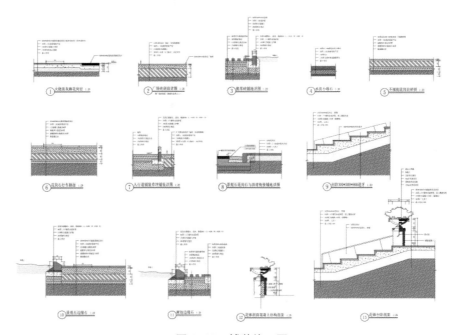

图 8-38　铺装施工图

思考与训练

阅读一套完整的景观设计施工图，有条件的可以到现场考察，对比现场施工与施工图之间的联系。

第九章

景观设计实践

JINGGUAN SHEJI SHIJIAN

第一节
微观景观设计实践

一、广场景观设计

按照性质、功能，城市广场可分为市政广场、纪念广场、文化广场、商业广场、游憩广场、交通集散广场等类型。

纪念广场的布局应注重公众的可达性及广场本身的吸引力，它与周围的建筑物、街道、环境共同构成该城市文化活动的中心。广场景观设计要尊重周围环境的文化，注重设计的文化内涵，对不同文化环境的独特差异和特殊需要加以深刻的理解与领悟，设计出城市文化环境下具有时代背景的文化广场环境。（见图9-1和图9-2）

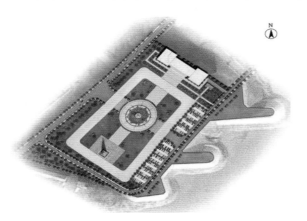

图9-1　某广场平面图

图9-2　某广场鸟瞰效果图

纪念广场要营造人们活动与交往的场所空间。在广场内的交通组织设计上，考虑到人们以组织参观、浏览交往及休息为主要活动，结合广场的性质，不设车流或少设车流，形成随意、轻松的内部交通组织，使人们在不受干扰的情况下拥有欣赏的场所。（见图9-3和图9-4）

图9-3　广场中心雕塑

图9-4　广场纪念碑

在广场的空间组织中，轴线手法是纪念广场具有一定规模时的最有效的一种方法。轴线贯穿于两点之间，围绕着轴线布置的空间可能是规则的，也可能是不规则的。轴线虽然看不见，但却强烈地存在于人们的感觉中。沿着人的视线，轴线有深度感和方向感。轴线的终端指引着方向，轴线的深度及其周围环境、平面与立面的边角轮廓决定了轴线的空间领域。

二、居住区景观设计

1. 居住区景观构成

居住区景观设计在主观方面要考虑当地人文环境、住户组成结构、住户行为心理等，客观方面包括建筑类型及其空间布局、道路、自然气候、公共服务设施、绿地和地下空间等。在现代城市中，高层建筑占据主体地位，景观设计要充分考虑高密度下景观需要解决的问题。（见图9-5至图9-8）

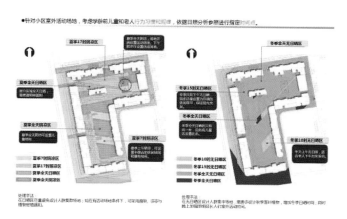

图 9-5　分析主要住户行为心理与气候的关系

图 9-6　居住区建筑风格和类型

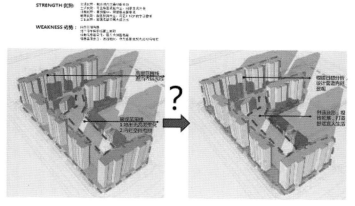

图 9-7　居住区空间布局的 SWOT 分析

图 9-8　自然空气动力模拟与分析评价

创造具有高品质和丰富美学内涵的居住区景观，在进行设计时，硬软景观都要注意美学风格和文化内涵的统一。在居住区规划设计之初就对居住区整体风格进行策划与构思，对居住区的环境景观做专题研究，提出景观的概念规划，这样从一开始就把握住硬质景观的设计要点。（见图9-9和图9-10）

2. 居住区景观设计内容和要点

首先居住区景观设计的各项内容需要满足《城市居住区规划设计规范》（2016年版）中的规定。居住区景观设计包括入口景观（见图9-11）、中心绿地、组团绿地、道路景观、活动场所、儿童游乐场所、围墙等的设计。

居住区内应建立一个明确的由外向内的空间层次，即公共空间—半公共空间—半私密空间—私密空间，这样

图 9-9　居住区美学风格

图 9-10　硬质景观风格

就明确了空间的所属，有效地组织了居民的生活，形成易于识别的空间环境。明确的领域划分不仅提高了空间的利用率，而且对集体活动内聚力的形成也至关重要。给每个居民一个属于他的清晰概念，能增强其责任心，有助于减少破坏性行为，无形中保证了安全。（见图 9-12 和图 9-13）

图 9-11　入口景观

图 9-12　居住区空间层次

图 9-13　居住区公共空间

活动场地是适应居民交往、聚会及各种团体活动，通常也是最能表现居住区活力的场所。设计的要点主要是：具有可达性和便利性；合理的尺度；广场的空间应具有向心或内聚特征；采用适当的空间限定手法及营造一定的趣味中心；能支持多种使用方式和不同人群规模的适应性；充分考虑居民行为，通过合理的空间划分、休憩设施的布局组合等，最大限度地发挥"边界效应"等。（见图 9-14 和图 9-15）

儿童游戏场所的设计要点是：适当的规模与距离；布置应符合儿童心理，鼓励儿童有效地参与到大众生活中去；周边应为监护者提供足够的休息设施，更好地发挥休憩空间的功能；场所要有能够引起儿童好奇心和探索欲望的足够的复杂性。（见图 9-16 和图 9-17）

图 9-14　居住区入口广场

图 9-15　居住区休憩空间

图 9-16　儿童游戏场所

图 9-17　儿童监护者休息空间

3. 居住区道路设计

居住区的道路是贯穿居住区各楼间的主要交通和观赏路线。小区铺装材料选择、道路两侧空间营造、道路两侧植物种植设计等都要做出统筹安排。居住区道路需要组织的交通主要包括机动车交通、非机动车交通和步行交通。消防车道为住宅小区中庭中的隐形消防车道，宽度常用 4 米。人车分行设计主要有两种形式：一种是立体分流，另外一种是平面上一定程度的分流。（见图 9-18）

图 9-18　居住区道路景观

三、城市公园景观设计

1. 城市公园的使用功能

城市公园的常见使用功能主要包括游憩、体育、文化、教育、管理等几大类。从分区来看，一般城市公园大体分为休息区、散步区、游览区、运动健身区、公共游乐区、儿童游戏区和附属区。（见图 9-19 和图 9-20）

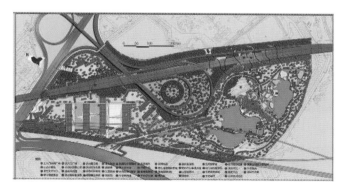

图 9-19　城市公园平面图

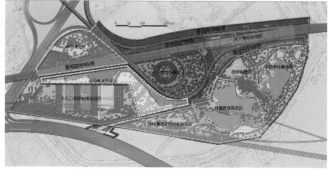

图 9-20　城市公园功能分区

2. 城市公园的设计要点

1）园路设计

道路有划分空间和引导人游览的功能，有人车分行和人车混行两种。按照使用功能，道路划分为主路、支路和小路三个等级。园路的宽度等要根据公园设计规范的有关规定进行设计。（见图 9-21 至图 9-23）

2）空间组织

城市公园由不同的节点空间组成，主要根据公园的地形、地貌划分功能分区。不同的分区为了满足功能需要，

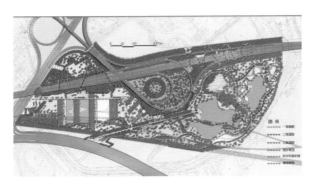

图 9-21 城市公园交通分析图

图 9-22 城市公园运动健身道路

图 9-23 城市公园特殊步道

应布置不同的节点空间。公园设计形式一般有两种：一是规则几何式构图形式，二是自然无规则构图形式。（见图 9-24 和图 9-25）

　　3）构成要素

　　城市公园的构成要素主要是指植物要素、水体景观（见图 9-26）、运动健身景观（见图 9-27）、雕塑小品等。

四、城市道路景观设计

　　城市道路既是城市构成骨架，又是城市空间中对不同空间类型进行连接和沟通的通道，因此城市道路既有交通功能，又有空间划分功能。

图 9-24 依据地貌布置节点空间

图 9-25 规则几何式构图

图 9-26 城市公园水体景观

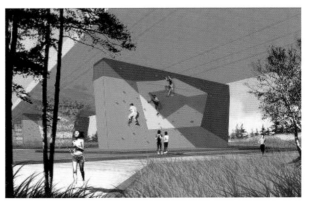

图 9-27 城市公园运动空间

1. 城市道路分类

城市道路绿地布置形式可分为五类：一板一带式、一板二带式、二板三带式、三板四带式和四板五带式。（见图9-28）

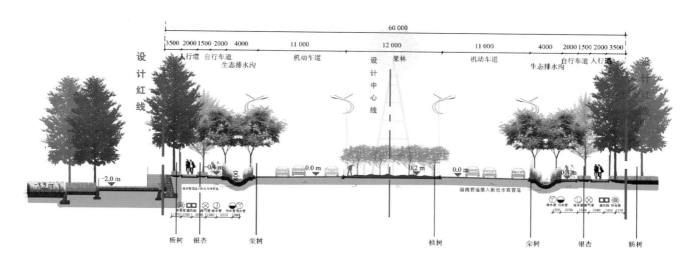

图9-28 城市道路绿地布置形式

按照现代城市交通工具和交通流的特点进行道路功能分类，城市道路分为高速公路、快速干道、交通干道、区干道、支路、专用道路等。

城市道路景观的重要元素主要是道路地上部分视觉范围内的可视元素构成的景观、道路两侧建筑风格、道路两侧路牌等附属物、行道树和公共设施、道路远处的城市天际线。

在进行道路景观设计前，必须对道路两侧的空间构成进行翔实的分析，分析道路两侧空间构成要素及人的活动类型，找出主要限制因素和满足人群对空间的主要需求，此后才能用相应的设计元素来进行设计。（见图9-29）

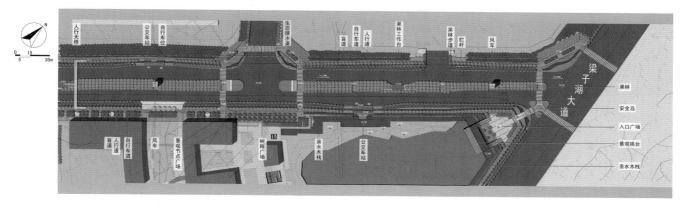

图9-29 城市道路平面图

2. 步行系统规划

营造亲切、宜人、完善的步行空间系统是城市设计、城市建设中"以人为本"的精神的具体表现，将步行系统作为规划的一个专项，体现了对市民日常"步行权"的尊重，也是为了更好地满足市民对步行空间、步行环境的需要。（见图9-30至图9-33）

在步行系统设计中，考虑市民日常生活需要，在保证机动交通功能的同时考虑步行者的需要，如设计较宽的人行道、独特的地面铺装、齐全的设施和清晰的标志等。（见图9-34和图9-35）

图 9-30　城市步行空间

图 9-31　城市道路路口

图 9-32　步行环境

图 9-33　步行天桥

图 9-34　步行系统交通功能

图 9-35　步行者的需要

图 9-36　商业步行街平面图

五、商业步行街景观设计

商业步行街环境空间中会进行各种各样的活动。根据人的活动状态，将商业步行街环境空间分为两类形式：运动空间和停滞空间。

1. 运动空间

运动空间主要是行人步行交通的空间，需要开敞通畅。运动空间在商业步行街环境空间中所占比例较大。如果运动空间让人感觉舒适，能吸引更多的人来此闲逛散步，增加商业街的活力和效益。（见图 9-36 和图 9-37）

2. 停滞空间

停滞空间相对于运动空间而言，能创造更加丰富多样的适于交往的空间，体现步行环境空间的人性化。停滞空间可以分为节点空间、阴角空间、设施带上"隐性界面"的组合空间及剩余空间，它们共同组成了商业街道中丰富多彩的停滞空间，为人们的各种交往活动提供了场所。（见图9-38）

图9-37　商业步行街运动空间

图9-38　商业步行街停滞空间

节点空间是商业步行街中停滞空间的重点所在。只有合理布局商业步行街中的节点空间，整个街道空间才有可能变得活跃，才能改变线性空间给人的单调感觉。节点空间能提供丰富的个性化意象，使得商业步行街连续、整体的纵向空间更具有节奏感。（见图9-39和图9-40）

图9-39　节点空间平面图

图9-40　节点空间效果图

商业步行街环境空间必须保持连续性才能保证空间的整体性，而它的连续性是通过界面的连续性得来的，能保持整体感和节奏感。只有在连续的商业步行街空间中，才能体现出空间有序的节奏，在共性中彰显个性。

视觉的连续是重点突出视觉形式，同一或相似的建筑立面或者某种美的形式以一定的间隔重复出现，会呈现一种韵律式的连续。（见图9-41）

尺度的连续是界面连续的一个重要方面，如沿街店面宽度的连续、铺装分割线与店面宽度连续的尺度关系等。如果整个商业步行街中的环境尺度协调，同时充分考虑了人的尺度，人们也会把它视为一个整体来感知，增加商业步行街自身的识别性。（见图9-42）

图9-41　商业步行街的视觉连续

图9-42　商业步行街的界面连续

六、校园景观设计

校园景观是由校园道路、规划、外部空间等形成的整体系统。校园景观设计的目标主要是：营造交往场所、强调可参与性、创造生态环境、均衡四季活力、再次围合空间。

校园景观可以延续当地的风景特色，将其融入庭院设计当中，有助于学生了解当地的植物特点和地质构成。精心设计一些可以用于教学的景观元素，块石路面的图案和材料代表了地层和本土岩石的类型，巨石则体现了岩石层的特点，为学生提供研究岩石天然构成的机会。（见图9-43和图9-44）

图9-43　某高校庭院

图9-44　校园景观中的地质特色

庭院中的建筑可作为巨大的"日晷"，将阴影投射在主人行道上，与铜质标记一起指示重要的天文日期，如冬至、夏至、秋分和春分。庭院植物也是当地的典型性植物。（见图9-45和图9-46）

图9-45　校园景观中的季节体验

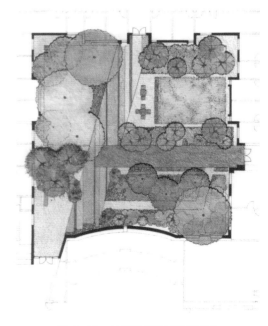

图9-46　校园庭院景观平面图

第二节
中观景观设计实践

一、纪念性景观设计

纪念性景观是用事物或行动对人或事表示怀念的景观。它是通过物质性的建造和精神的延续，达到回忆与传承历史的目的的。也就是说，某一场所用于表达崇敬之情或者是利用场地内元素的记录功能描述某个事件。

纪念性景观包括标志景观、祭献景观、文化遗址、历史景观等实体景观，以及宗教景观、民俗景观、传说故事等抽象景观。（见图9-47至图9-50）

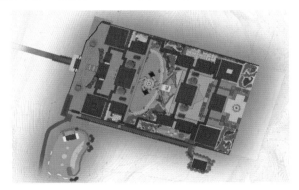

图9-47　宗教景观平面图

图9-48　宗教景观鸟瞰图

图9-49　宗教山地景观

图9-50　宗教景观小品

二、城市滨水景观设计

滨水区是城市中的一个特定的空间地段，是与河流、湖泊、海洋毗邻的土地或建筑，是城镇临水体的部分。水滨按其毗邻的水体性质的不同，可分为河滨、海滨。（见图9-51）

由于滨水区所在的特殊空间地段往往具有城市的门户和窗口的作用，因此一项成功的滨水开发工程，可以改善沿岸生态环境，重塑城市优美景观，提高市民生活品质，并获得良好的社会形象，进而带动城市其他地区的发展。（见图9-52）

图 9-51　滨水区景观鸟瞰图

图 9-52　滨水区综合开发工程

图 9-53　滨水区结合城市绿地系统

1. 滨水带与城市开放空间

　　滨水区多呈现出沿河流、海岸走向的带状空间布局，应将这一地区作为整体进行全面考虑，通过林荫步行道、自行车道、植被及景观小品等将滨水区联系起来，保持水体岸线的连续性，而且也可以将郊外自然空气和凉风引入市区，改善城市大气环境质量。同时，在这条景观带上可以结合布置城市空间系统绿地、公园，营造出宜人的城市生态环境。（见图 9-53）

　　线性公园绿地、林荫大道、步道及车行道等皆可构成水滨通往城市内部的联系通道。在适当的地点进行节点的重点处理，放大成广场、公园，在重点地段设置城市地标或环境小品。（见图 9-54 和图 9-55）

图 9-54　线性公园绿地

图 9-55　节点处理成公园

2. 滨水区空间环境中的实体形态

　　滨水区沿岸建筑的形式及风格对整个水域空间形态有很大影响。滨水区是向公众开放的界面，临界面建筑的密度和形式不能损坏城市景观轮廓线，并保持视觉上的通透性。在滨水区适当降低建筑密度，注意建筑与周围环境的结合。（见图 9-56 和图 9-57）

图 9-56　滨水区沿岸建筑

图 9-57　建筑布局保持通透性

在沿岸布置适当观景场所，产生最佳景点，保证在观景点附近能够形成较为优美、统一的建筑轮廓线，达到最佳的视觉效果。（见图9-58）

在临水空间的建筑、街道的布局上，应注意留出能够快速到达滨水绿带的通道，便于人们前往这里进行各种活动；应注意形成风道，引入水滨的大陆风，并根据交通量和盛行风向，使街道两侧的建筑上部逐渐后退，以扩大风道，降低污染，丰富街道立面空间。

桥梁在跨河流的城市形态中占有特殊的地位。正是桥梁对河流的跨越，使两岸的景观集结成整体。特殊的建筑地点、间接而优美的结构造型及桥上桥下的不同视野，使桥梁往往成为城市的标志性景观。（见图9-59）

图9-58 沿岸观景场所

图9-59 滨水桥梁景观

3. 滨水区沿线绿带

在滨水区沿线应形成一条连续的公共绿化地带，在设计时应强调场所的公共性、功能内容的多样性、水体的可接近性及滨水景观的生态化设计，创造出市民及游客渴望滞留的休憩场所。（见图9-60）

很多城市的滨水区往往面临潮水、洪水的威胁，因此设有防洪堤、防洪墙等防洪公共设施。这些设施可采用不同高度临水台地的做法，按淹没周期，分别设置无建筑的低台地、允许临时建筑的中间台地和建有永久性建筑的高台地三个层次。（见图9-61）

图9-60 滨水景观生态设计

图9-61 滨水区台地

在驳岸的处理上可以灵活考虑，结合海绵城市的建设，根据不同的地段及使用要求，进行不同类型的驳岸设计。生态驳岸除了具有护堤防洪的基本功能外，还可治洪补枯，调节水位，增强水体的自净作用，同时生态驳岸对河流生物过程同样起到重要作用。（见图9-62）

 思考与训练

根据教师提供的图纸和红线范围进行景观实践项目设计练习。

图9-62 生态驳岸设计

[1] 俞孔坚,李迪华. 景观设计：专业学科与教育[M]. 北京：中国建筑工业出版社,2003.

[2] 俞孔坚. 景观：文化、生态与感知[M]. 北京：科学出版社,2008.

[3] 刘滨谊. 现代景观规划设计[M]. 南京：东南大学出版社,2005.

[4] 〔英〕罗伯特·霍尔登,〔英〕杰米·利沃塞吉. 景观设计学[M]. 朱丽敏,译. 北京：中国青年出版社,2015.

[5] 〔美〕诺曼·K.布思. 风景园林设计要素[M]. 曹礼昆,曹德鲲,译. 北京：北京科学技术出版社,2015.

[6] 〔美〕诺曼·K.布思,〔美〕詹姆斯·E.希斯. 住宅景观设计[M]. 马雪梅,彭晓烈,译. 北京：北京科学技术出版社,2013.

[7] 〔美〕格兰特·W. 里德. 园林景观设计 从概念到形式[M]. 郑淮兵,译. 北京：中国建筑工业出版社,2010.

[8] 丛林林,韩冬. 园林景观设计与表现[M]. 北京：中国青年出版社,2016.